吃茶去

中国历代茶文化鉴考

吕伟涛 著

中国国际广播出版社

目 录

序一

　　从文物中寻觅中国茶文化的发展路径，是一个非常有趣的课题，也是一件富有创见和有意义的事。在既往的中国茶文化研究中，大多侧重于文献的记载与考据，从传世或出土实物中钩深索隐出茶文化嬗变与演进的轨迹，则并不多见。中国茶文化固然源远流长，可是当我们想详细了解古人饮茶的礼仪、用什么喝茶、怎样喝茶、茶具的演变、宫廷和民间有何异同、吃茶有什么禁忌，以及皇室喝茶的讲究等方面内容时，往往并无直观的认知。摆在我面前的吕伟涛的《吃茶去——中国历代茶文化鉴考》便从器物和图绘出发，为我们呈现了一部文物中的茶文化史。

　　书中探研的和茶有关的绘画名作中，至少有两幅绘画我曾经做过专门的梳理与研究，这两幅画分别是《萧翼赚兰亭图》和《卢仝烹茶图》。当我将其作为历代故实画来考察时，往往重点关注其图式演变、传移模写、鉴藏流传、真赝鉴别和审美变迁等，而对其涉及的茶事则鲜有细察。在吕伟涛眼中，他在《萧翼赚兰亭图》中着眼的却是老僧饮茶以及烧水用的茶铫（茶壶）和烧火用的茶炉，不同的图式却有相近的茶事。在传世文物中，亦可找到与画中茶具相印证之物，如中国国家博物馆藏的五代邢窑白瓷茶具就与台北故宫博物院藏的宋人《萧翼赚兰亭图》中的茶具如出一辙。图绘与文献的互证，串联起一条完整的证据链。《卢仝烹茶图》则可更直观地感受到唐代的茶文化。其他如《宫乐图》体现的是晚唐时期茶酒共饮的风尚，其中的器皿图像，则反映其时的茶画美学；刘松年《撵茶图》中琳琅满目的茶具与文人品茗、观书等文会的场景展示的是宋代茶文化的兴盛；仇英的《赵孟頫写经换茶图》卷透视的是赵孟頫的禅意人生，以"换茶"治愈其仕元内心的无奈与苦痛；王蒙的《煮茶图》见证了作者与陈汝言的欢愉时光，老友不再，茶香长存，颇具人琴之感；明代王问和丁云鹏的《煮茶图》则可见惠山竹炉的不同形制，历代文人参与的"惠山竹炉"题咏及其传播，更见证了其由实用之器向赏玩之器转型的历史过程，更是一种茶事文化的象征；唐寅在《事茗图》卷中事茶心志的表达，折射的是大隐隐于市的旷达与文人雅趣；文徵明的《惠山茶会图》卷描绘的是室外饮茶雅聚的场景，茶会成为明代文人的一种重要社交方式。面对前述诸画，作者都可从茶学的角度解读，在读者面前揭开了美术史之外的另一个世界，为多元化的绘画史研究提供了另一种可能。

徜徉在诸多名画中，就会发现有一个与我考察《卢仝烹茶图》时惊人相似的有趣现象：宋元以降的《卢仝烹茶图》，明代之作最多。而在该书中所讨论的茶画作品，亦以明代最多。由此不难看出明代茶事文化的鼎盛。由茶事而及绘画，再由绘画而窥饮茶与茶具，都与其他任何时代迥然有别。时代的茶事痕迹，在明代绘画中表现尤为凸出。无独有偶，在历代以茶为主题的典籍中，亦以明代数量雄踞于历代之上。可见明代的市民文化、赏玩文化、文人意趣以及休闲文化确乎出现前所未有的繁华。

在传世器物与出土文物中，可看到陶瓷茶具的流变：中国古代饮茶演变有三个阶段，即西汉至魏晋的粥茶法、唐至宋的末茶法、元明清散茶法。早期出现青釉茶盏和茶壶（或叫汤瓶、注子和执壶），中期盛行越窑盏、邢窑盏、黑釉盏，后期则热衷于高足杯、茶壶和盖碗，且紫砂茶具异军突起，于今仍方兴未艾。古语中"水为茶之母，器为茶之父"，足见器具于饮茶之重要。曹植墓中出土的陶耳杯，是一代文豪茶酒当歌的缩影，也承载了曹

植一生的坎坷与传奇。法门寺出土的唐代茶具，不仅可略窥唐僖宗的御用
茶器具，更能看出唐人饮茶焙炙、碾碎、筛罗、煮水加盐、加茶末和品茶
六个步骤中出现的不同茶具。这套现存最早、规格最高、配套最完整、工
艺最为精美的茶具，是中国早期茶文化博大精深的象征。至于乾隆皇帝的
"茶籝"（一作"茶籯"）、慈禧的"大雅斋"茶具及清宫里的紫砂茶具，既
彰显清宫御用茶具的极致精湛，也显示清皇室对饮茶的酷爱与考究。我们
在书中还能看到从汉景帝阳陵出土的茶叶到清光绪年间的箸竹叶普洱茶团
五子包，这些离我们生活并不遥远的各类茶叶，有很多沿用至今，因而读
起来既有温度，又有亲切感。

文献、图绘、出土与传世文物被广泛运用于本书的茶文化研究。很显
然，这早已超越了王国维、陈寅恪所倡导的二重证据法。今人较前人最大
的优势在于，大量文物公之于世、海内外相关图像不难获得以及文献数据
库的广泛应用，这使得以往皓首穷经方可获取的信息如今轻而易举便可蒐
集。吕伟涛便深谙此道，多重证据辐辏，使其成为一本集视觉文化、考古
发掘、文献考据、闲赏雅玩与文人逸趣于一体的轻学术读物，学术与通俗
兼容，图绘与文字并茂。书中17个篇章，看似相互之间并无关联，但细读
之下却是以时间为经、文物为纬，深入浅出，言简意赅，以文物碎片串起
一部雅俗共赏的中国茶文化发展史。本书不仅对于茶文化的推广与传播居
功厥伟，于绘画、陶瓷及其他文物的普及，以及以实物为中心的传统文化
的高扬，也都善莫大焉。单从这个方面上来讲，此书付之梨枣，其意义正
在于斯。

朱万章

国家博物馆研究馆员、中国美术家协会理论委员会委员

2023年7月于金水桥畔

序
二

　　临近退休，最想做的事就是圆一个年轻时的梦想——放下一切案牍工作，游山玩水，写生山河。而此时，伟涛君请我为他的新书《吃茶去——中国历代茶文化鉴考》作序。

　　因为是与茶相关，比较有兴趣，于是就答应了。

　　细读书稿，大大出乎我的意料，没想到伟涛君对茶的研究如此用心。无论是中国历代茶事，还是各种茶器、茶画、茶诗，内容没有泛泛而论的文辞，均是深入细致的解析。至谨、至雅、至趣。

　　我因喜爱茶，十多年前开始以"茶境"为主题，持续做了十多届国际茶文化的交流活动，分别在北京、重庆、深圳、西安，以及日本东京等涵盖地举办，来自不同国家茶文化的艺术品展示、茶文化的理论研究、茶会现场演示等内容。伟涛君积极参加所有的活动，并在活动中做专题演讲，相信他在多次活动交流中对茶文化的理解越来越深。

　　吃茶去，且从容，不经意间，已入世事。茶事以何为境？是我多年来一直思考的问题，这些问题，在此书中可以从某种程度上得到诠释。在全书的17个章节中，伟涛君将卢全烹茶、"惠山竹炉"、供春壶、《撵茶图》、《煮茶图》等相关的茶事、茶器、茶画一一展开，以独特的视角和深入的研究，阐述茶文化的内涵和历史变迁。无论是从茶的起源与传播、饮茶方式的流行与演变，还是从茶器制作工艺、茶画的审美价值，伟涛君都用鲜活的语言和精心编排的内容，评述着茶文化的博大而精微。本书以精细的描写和生动的解释，展现了百余件历代茶器的精湛工艺和独特风格；所记茶事，更是以引人入胜的情节，述说了别样韵味的茶文化。

书中还时而以酒说茶，感性的酒，理性的茶，都是人生中的美好，都需要用心体会。与豪兴饮酒相比，且坐吃茶，平淡得多。正是这种平淡，才是人生中最为难得的心境。慢慢品读此书散发出的文化气质，也是一种人生享受。

这是一本关于茶文化研究十分难得的好书，值得大家好好品读。

以此简序向伟涛君表达衷心的祝贺，相信他的治学心境与立学态度会伴随其一生，愿他今后取得更大的成就。

以此序，表达对本书的赞赏。

唯感匆匆之笔，难以概括作者的诸多用心，深有歉意。

郑宁

清华大学美术学院教授、中国国际茶文化研究会常务理事

2023 年 7 月于清华园

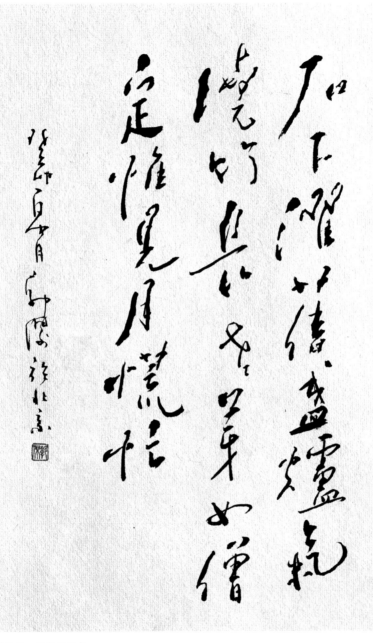

石下濯旧盏，炉气绕竹长。
老芽如僧定，惟见月慌忙。
癸卯夏月郭杰于北京
中华文化促进会副主席、万里茶道协作体执行主席郭杰　题

第一章

陶瓷茶具的流变

　　茶具，在中国古代亦称"茶器"或"茗器"，是中国茶文化中的一个重要组成部分，而陶瓷茶具又是中国茶具的主要代表。由于各个时代饮茶方式的不同，使得中国陶瓷茶具呈现出不同的品类和特点。不过，我们主要以陶瓷茶具中的"饮茶之器"，即茶壶（汤瓶）、茶盏（碗、杯）为研究对象，来探讨中国古代陶瓷茶具史之流变，借以理解中国茶文化的发展脉络。

　　中国古代饮茶方式的演变过程可分为三个阶段：第一阶段是西汉至魏晋的粥茶法；第二阶段是唐至宋的末茶法；第三阶段是元明清的散茶法。相应地，中国古代陶瓷茶具的流变也可以分为三个阶段。

粥茶法茶具

　　根据植物学家的推算，茶树的起源时间约为六七万年前。在植物学上，茶树属于山茶科，是常绿木本植物，多数为灌木，在部分热带地区也有乔木型茶树，树龄在50—60年间。其叶子呈椭圆形，边缘有锯齿，叶间开五瓣白花，果实扁圆，呈三角形，材质细密。对于茶树的原产地问题早就争论已久，但是根据现在众多权威的专家和学者通过先进的、科学的手段研究，证明了茶树起源于我国西南地区。

　　大量的历史文献资料表明，中国古代原始型野生茶树多分布于南方

［战国］青瓷碗　2018年邹城邾国故城遗址西岗墓地战国早期一号墓出土

［战国］茶叶残渣物　2018年邹城邾国故城遗址西岗墓地战国早期一号墓出土

诸省，大致可以分为四个区域：一是滇南、滇西南地区；二是滇、桂、黔周边地区；三是滇、川、黔周边地区；四是粤、赣、湘周边地区，还有少数分布在闽、台、琼地区。野生茶树主要集中生长在北纬30度以南，其中以北纬25度附近居多，并沿着北回归线向两侧扩散。其中，以云南南部和西部尤多。

中国的饮茶文化，最早应该是源于中国的南方地区。但在2021年末，山东大学考古团队公布了2018年山东邹城邾国故城遗址西岗墓地战国早期一号墓出土物的分析报告。在这座战国早期邾国女性贵族墓的南侧器物箱中，完整提取出一件盛有碳化植物残渣的青瓷碗，经实验室测试鉴定，植物残渣为古人煮（泡）后留下的茶渣。据悉，此前考古发现年代最早的茶叶实物出土于西汉景帝阳陵。邾国故城的这一发现，将茶文化起源的实物证据追溯到公元前453年至前410年间，这比西汉景帝阳陵考古发现早了300多年。

有趣的是，在此墓葬中有明确

的原始青瓷碗搭配使用，可视为早期的茶具。但这只青瓷碗并不生产于山东，也不常见于山东，而是战国时期越国（今浙江一带）常见的原始青瓷。另外，同出的青瓷器物类型与墓主人牙齿AMS碳14测年显示，这座墓葬的年代正是越国攻灭吴国后的那段时期。当时的越王勾践因"卧薪尝胆，三千越甲可吞吴"的壮举，而千古留名。

或许这位邾国女性墓主人与南方的越国有着紧密的联系，她很有可能是一位远嫁邾国的越国公主。或许这位公主的饮茶习惯也是源自越国，毕竟茶树主要生长在中国的南方地区。想象一下，当年的越王勾践有可能就喝过这样的一碗茶。

在此之前，从西汉王褒《僮约》中"烹茶尽具""武阳买茶"等文字佐证，我们都认为中国饮茶的兴起始于两千年前的西汉，当时的巴蜀就以产茶著称。但茶见于记载和饮茶风习的形成不是一回事，原先的饮茶方式很不讲究，煮茶与煮菜汤相近，有时还把茶和葱、姜、枣、橘皮、茱萸、薄荷等物煮在一起。

三国时期魏国张揖《广雅》亦记载：

> 荆、巴间采茶作饼，成以米膏出之。若饮先炙，令赤色，捣末置瓷器中，以汤浇覆之，用葱、姜芼之。

意思是说，将采来的新茶叶捣碎以后做成茶饼，加入米膏等使之凝固并烘干，当要饮用时先将茶饼炙烤成赤红色，而后捣碎成粉末放入瓷器中，浇水之后饮用。现如今，云南基诺族还在延续一种饮茶方式，先将采来的鲜嫩茶叶搓至细软，放入碗中盛入清泉水，之后加入黄果叶、酸笋、大蒜、辣椒、盐巴等佐料经搅拌均匀而成，名为凉拌茶。

因此在粥茶阶段，煮茶、饮茶还没有专用的器具，炊器、饮器多是一物多用，酒具、茶具基本通用，未见有明显差异。

直到晋代，一种较精细的饮法开始出现。杜育的《荈赋》中有"沫沉华浮，焕如积雪，晔若春敷"等语，表明当时不仅将茶饼碾末，而且已知"救沸育华"。这种饮茶法颇得上层社会的喜爱，许多名人如孙皓、韦曜、桓温、刘琨、左思等，都有若干与茶有关的逸事。为和这种风尚相适应，饮食器中便逐渐分化出专用的茶具。

也就是说，中国最早的茶具约出现于东晋、南朝时期。当时，最具代表性的是带盏托的青釉茶盏。盏托又称茶船，为承托茶盏，以防烫指之用具。其内底心下凹，周围有凸起的托圈，形制与唐代带"茶拓子"铭记的金银茶托基本一致。盏托是从托盘发展而来，东汉已有一盘托4至6只耳杯，以后逐渐减少，至东晋已出现一盏一托。南朝时更普遍生产，成为当时风行的茶具，甚至有的盏与托以釉相粘连，浑然一体，构思巧妙。

浙江温州瓯窑窑址出土物中，有不少青釉茶盏的残片。《荈赋》中载"器择陶拣，出自东瓯"，正与这一情况相合。瓯窑是中国最早烧茶具的窑口之一，其产品大多为饼足，底部露胎。釉色青绿泛黄，玻璃化程度较高，但胎、釉的结合却不够理想，常开冰裂纹，且出现剥釉现象。即使如此，中国茶具的定型却滥觞于此时，并为唐宋以后茶具的发展打下了基础。

茶具中除上述青釉茶盏，还有另一种我们常说的"茶壶"，但过去

［南朝］青瓷莲瓣纹盘托碗　江西省博物馆藏　　　　［西晋］青瓷点彩鸡首壶　江西省博物馆藏

不叫"壶"，而称为"汤瓶"，也叫"注子""执壶"等，是注水的容器。常见的鸡首汤瓶，即今之所称"鸡首壶"者，产于三国末年至两晋时期，以越窑为多见，德清窑等瓷窑均有烧制。它的出现对唐宋以后"壶"的形制产生了深远的影响。

早期的鸡首壶，多数是在小小的盘口瓶肩部一侧置鸡首，尖嘴无颈，流为实心，仅起装饰作用；另一侧塑鸡尾，与鸡首前后对称；肩部置双系，腹部丰圆，全器宛如伏卧的鸡；器身施青釉，平底露胎。东晋早期，鸡首壶壶身略变大而高，颈部加长，鸡冠加高，鸡嘴由尖而改为圆，中空成管状，作流通入瓶内，鸡首已成为一种象征性的装饰；相对的另一侧设圆股形把柄，上端贴于器口，下端连于上腹，肩部两侧置条形系。东晋中晚期，鸡首壶在把手的上端又加饰龙头，有的双系平削成桥形，器型优美。南朝时期，鸡首壶壶形完全继承东晋的形制，但器腹明显高而丰，口缘成高洗口，颈变得比东晋瘦长，把柄也变得粗而高，肩部置对称的平削桥形系，平底露胎，形态从秀美向实用演变。隋代时期，鸡首壶颈部明显变长，且多饰凹凸弦纹数道。

数百年间，鸡首壶的高度及角度尽管都有所改进，但始终无法从根本上解决倾倒费力的缺陷。唐代中期以后，鸡首壶逐渐为其他形制的"壶"所代替。

末茶法茶具

南北朝时期，佛教在中国兴起，念经打坐的僧人提倡通过饮茶驱逐坐禅带来的睡意，以利修行修心，从而使饮茶之风日益普及。当时，上层社会的人们把饮茶视作一种心灵的修行和生活的享受。而文人墨客则借茶抒情，以茶写意，品茶之意趣。然而当时饮茶之风只弥漫在我国南方地区，北方仍然没有把饮茶作为一种文化沁入人们的生活中。

到了唐代，饮茶之风才延至北方，乃至遍及全国。茶叶也从上层社会传到民间，从原来珍贵的奢侈品逐渐演变为百姓的普通饮品。从此，茶事兴盛，品茶的方法和道具也有了较大的改进和突破。从唐代开始已经有了专门烹煮茶水的器具，有关于茶学的第一本权威专著——茶圣陆羽的《茶经》问世，对茶叶、茶具、茶事等都做了详细的论述。

唐诗中也有提及"茶具"一词，如白居易《睡后茶兴忆杨同州》诗中的"此处置绳床，傍边洗茶器"，皮日休《褚家林亭》诗中也有"萧疏桂影移茶具，狼藉蘋花上钓筒"。此时，人们对茶叶的选择、煮茶用水的甄选、煮茶的方式以及饮茶时的环境和心情也越来越讲究，并逐渐形成了茶文化。

自唐代开始，先前较原始的饮茶法渐为世人所不取，饮茶法进而变得十分讲究。这时贵用茶笋、茶芽，春间采下，蒸炙捣揉，和以香料，压成茶饼。饮时，则须将茶饼碾末。唐代茶具在中国茶具发展史上占有重要地位，这与其饮茶方式有相当大的关系。

当时饮茶风俗极为盛行，在一定程度上促进了茶具的生产，尤其是产茶之地的瓷窑更是发展迅速，越州、寿州、婺州、邛州等地既盛产茶，亦是盛产瓷器的地方。这时直接用以饮用的茶具为盏，陆羽在《茶经》中称其为碗，但其器型较碗小，敞口浅腹，斜直壁，玉璧形足，最适于饮茶。

由于盏制作精细，釉色莹润，因而广受瞩目。越窑盏和邢窑盏可代表"南青北白"两大瓷系，均为当时的贡品。

代表南方青瓷的越窑，主要窑址在今浙江宁波、绍兴一带。越窑盏是陆羽在《茶经》中所推崇的窑器，并用"类玉""类冰"来形容越窑盏的胎釉之美，在当时影响甚大，唱和者颇多。

代表北方白瓷的邢窑，主要窑址在今河北临城、内丘两县境内。陆羽《茶经》也认为，邢窑盏"类银""类雪"。邢窑盏在陕西、河南、河北、湖南、广东等地的唐墓葬中常有出土，正说明了当时邢窑盏"天下通用之"的情况。

［唐］越窑青釉盏和托　中国茶叶博物馆藏

［唐］越窑青釉龙柄茶则　中国茶叶博物馆藏　　　　　［唐］邢窑白釉碗　中国茶叶博物馆藏

至晚唐时期，茶盏的式样越来越多，有荷叶形、海棠式和葵瓣口形等，其足部已由玉璧形足改为圈足。

另外，晚唐又兴起了一种在汤瓶中煮水，置茶末于茶盏，再持瓶向盏中注沸水冲茶的"点茶法"。此法特别重视点汤的技巧，强调水流要顺畅，水量要适度，落水点要准确，故而汤瓶制作精良。此时汤瓶瓶口已由晋时的盘式口变成了撇口式，有带系的，也有无系的，底部还是保持过去的平底砂胎，瓶的形体显得更加稳重。到了五代，汤瓶则以椭圆形为多，流稍长，底部一改唐代的平底而为圈足。

宋代的汤瓶在南北方瓷窑都有普遍烧制，以景德镇制品最精。其颈、流、把都改为修长形，式样较前代增多，有瓜棱形汤瓶、兽流汤瓶、提梁汤瓶、葫芦式汤瓶等。

宋代饮茶多用一种广口小圈足的茶盏，南北瓷窑几乎无不烧制。釉色有黑釉、酱釉、青釉、白釉和青白釉等，但黑釉盏最受偏爱，这与当时斗茶风尚有关。其中尤以福建建阳窑和江西吉州窑所产之黑釉盏最为著名。

建阳窑盏，多敛口，斜腹壁，小圈足，因土质含铁成分较高，故胎色黑而坚，胎体厚重，器内外均施黑或酱黄色釉，底部露胎。有的盏内外还有自然形成的丝状纹，俗称"兔毫"，是当时人们最喜爱的产品。除兔毫盏外，建窑的油滴盏俗称"一碗珠"；油滴在黑釉面上呈银白色晶斑者，称为"银油滴"；呈赭黄色晶斑者，称为"金油滴"；在晶斑周围环绕着蓝绿色光晕者，称为"曜变"，更加珍贵。北宋后期，建阳窑还专为宫廷烧制斗茶用的黑盏，足底常刻有"供御""进盏"等官家款。

［宋］遇林亭窑"寿山福海"黑釉盏　中国茶叶博物馆藏

［宋］吉州窑黑釉剪纸贴花三凤纹碗　故宫博物院藏

吉州窑位于江西吉安永和镇，所产黑釉盏颇具盛名。这里烧制的黑瓷盏上以鹧鸪斑、玳瑁斑、木叶纹及剪纸漏花著称。鹧鸪斑黑釉盏是在黑色的底釉上又施一道含钛的浅色釉，烧结后釉面形成羽状斑条，如同鹧鸪鸟颈部的毛色。吉州窑的鹧鸪斑纹盏和建窑的兔毫盏有异曲同工之妙，在诗人笔下常相提并论。吉州窑的剪纸纹盏也很别致，它在斑驳的赭黄色乳浊底子上，以漏印的技法表现出酱黑色的剪纸纹样。之所以在茶碗上施以剪纸纹样，是受到茶饼上贴剪出之花样的影响。

为斗茶所需，黑釉盏不胫而走，不仅南方地区的许多瓷窑生产黑盏，有些北方烧白瓷的窑口也兼烧黑盏。但是如此精美的黑茶盏，尽管盏心这一面做得很考究，但其外壁于腹部以下却往往做得不甚经意，比如釉不到底、圈足露胎，或者盏底之釉堆叠流淌等。之所以出现这种现象，是因为当时的茶盏都要和托子配套，如将盏腹嵌入托子的托圈之内，则上述缺点均隐没不见。不过托子以漆制者为主，不易保存至今，所以现在看到的许多宋代瓷盏，已与其原相配套的托子分离了。

散茶法茶具

不制饼的叶茶，即所谓"散茶"，从茶史上说是始终存在的。但到了元代，散茶转盛，不过元人喝散茶时，尚予以煎煮。元代是蒙古游牧民族建立的王朝，在茶文化的发展中是唐宋至明清的过渡，关于茶具的专门著作较少，只能在诗词歌赋和书画壁画中发现少量茶壶、茶盏、盏托等茶具的痕迹。

元代茶文化和茶具的发展与其历史发展相适，起到了承上启下的作用。元代汤瓶的样式，其腹部仍保持修长形状，但重心下移，流较宋代的长，高度一般与瓶口平齐。此种汤瓶主要以景德镇青花瓷器为多，浙江龙泉窑也有烧制，其他北方瓷窑未见有这类产品。

高足杯是元代茶具中最流行的器型，浙江龙泉窑、福建德化窑、河南钧窑、河北磁州窑与山西霍县窑等都有生产。其款式差别不大，典型式样为口微侈，近底外较丰满，承以上大下小的竹节式高足。

明代完全抛弃了末茶法，使茶具发生了很大的变化。为遵从茶的自然性，或节省制茶成本，新式的泡茶法即散茶冲泡在明代全面流行，取代了唐宋时期以饼茶为主的煎茶法和点茶法以及相应的茶具。新式的泡茶法导致茶叶不再需要碾末冲泡，如茶碾、茶磨、罗盒、茶筅、汤瓶之类的茶具弃之无用，新式茶具也随之而生，盛开水的汤瓶随之变为沏茶的茶壶。明代茶具直到今日也没有发生太大变化，只是在样式、花色、质地等方面有不同程度的改变。

近代茶壶之名称，也是到明代才定下来的。茶壶虽是自汤瓶演化而来，但不仅用法不同，而且所加的开水也有区别。点茶因为要求沫饽均匀，云脚不散，以便斗试，故"三沸"以上，便认为水老不可食。而在茶壶中沏茶，"汤不足则茶神不透，茶色不明"，所以要用"五沸"之水，才能使"旗（初展之嫩叶）枪（针状之嫩芽）舒畅，清翠鲜明"。

此时黑盏亦逐渐失势，相反"莹白如玉"的茶具被认为"可试茶色，最为要用"，其中"甜白"釉颇有盛名。

杯的式样，亦与前代不同。明代高足杯将元代接近垂直的足部改作外撇足，增加了稳定感。在制作工艺上，足与杯身用釉黏结，交结处有一釉的中间层，所以空心足内底常有一个带釉的乳突。高足杯发展到此时，种类较多，有竹节高足杯、无节高足杯、八方高足杯等。

除高足杯外，小巧玲珑的日用茶具也有很多新的创烧。如明永乐青花瓷器中的名器压手杯，其杯体由口沿而下渐厚，坦口、折腰、圈足，执于手中正好将拇指的食指稳稳压住，故有"压手杯"之称。外壁所绘青花缠枝莲，纹饰纤细。内壁为青白釉面，光泽莹润。杯内心常见有小篆"永乐年制"4字篆书款，以图案环绕。还有成化官窑制品中斗彩瓷极精美，最负盛名的是鸡缸杯和三秋杯。

清代的茶文化丰富多彩，除绿茶之外，还出现了红茶、乌龙茶、白茶、黑茶和黄茶，六大茶类基本形成。但清代饮茶之习与明代相同，茶具无显著变化，仍以景德镇瓷质茶具为代表。茶壶口加大，腹丰或圆，短颈，浅圈足，体形较前代缩小。至于饮茶用杯，无论是釉色、纹饰，还是器型方面，都有进一步的发展。

在款式繁多的清代茶具中，首见于康熙年间的盖碗，开创了一代先河，延续至今，未有间断。盖碗又称"茶锺""焗盅"，一般由盖、碗、托三位一体组合而成。盖利于保洁和保温，且易凝聚茶香；碗敞口利于注水，敛腹利于茶叶沉积，且易泡出茶汁；托既利于防止茶水溢出，又利于隔热。

［明］成化斗彩三秋杯　台北故宫博物院藏

[清]豆青描金菊纹盖碗　中国茶叶博物馆藏

[清·乾隆]油红御制诗盖碗　故宫博物院藏

[清]粉彩描金耕织图盖碗　江西省博物馆藏

一些器型较大的盖碗也会省去底托，只留盖和碗，《中国古陶瓷图典》载：

> 盖碗，带盖的小碗，茶具。

盖碗系明代散茶兴起、饮茶方式改变之后源起的茶具。使用盖碗又可以代替茶壶泡茶，可谓当时饮茶器具的一大进步。鲁迅在《喝茶》一文中曾写道：

> 喝好茶，是要用盖碗的。于是用盖碗。果然，泡了之后，色清而味甘，微香而小苦，确是好茶叶。

可见，盖碗作为茶具的重要性。品茶时，一手把碗，一手持盖，一边以盖拨开漂浮于水面的茶叶，一边细品香茗，给人以稳重大方、从容不迫的感觉。

自明代以来，紫砂茶具异军突起，备受瞩目。紫砂茶具以江苏宜兴品质独特的陶土烧制而成，其土质细腻，含铁量高，具有良好的透气性和吸水性，最能保持和发挥茶的色、香、味。由于宜兴陶土丰富，最宜制壶，因而紫砂壶成为宜兴紫砂茶具的主要产品，发展迅速。其实，古人常称紫砂壶为"紫砂罐""紫罂""紫瓯"等。

紫砂茶具经过民间艺术家和文人墨客的改进、创新，融会了诗词、书法、绘画、篆刻等多种艺术手法，产品自成一派，令人爱不释手。先后出现了不少制壶名家，如明代最著名的制壶名家供春，号称"四家"的董翰、赵梁、袁锡和时朋，时称"三大"的时大彬、李仲芳、徐友泉等，清代的陈鸣远、杨彭年、陈曼生等都享有盛名。这些名家手制的小壶独具风格，深为时人推崇。

开始出现于雍正年间的彩釉紫砂器，是为了满足达官贵人追求华丽富贵的心理需求而生产的，是紫砂装饰的新工艺，它是紫砂工艺和景德镇的釉上彩工艺结合起来的尝试，曾于清代风靡一时。由于这种装饰掩盖了紫砂器自然、质朴的本质特点，因而在宜兴没有得到进一步的发展。尽管如此，但也生产了不少传世的佳作。

［清·嘉庆］料彩百果壶　故宫博物院藏

余语

所谓"水为茶之母，器为茶之父"，茶具是冲泡和品饮茶的媒介。陶瓷茶具不仅承载了茶，承载了水，也承载了悠久的茶文化，让跨越古今、穿越时代的陶与瓷在艺术家的手指间碰撞出灿烂的火花，更让相隔万里的泥与土在这里共奏出精彩的华章。各种造型奇特、釉色华丽、工艺精巧的陶瓷茶具让茶人们赞不绝口、爱不释手。能拥有自己喜爱的茗茶和让自己得意的茶具，闻香品茗、以茶会友，已经成为享受高品质生活的一种象征。

［元］王蒙　具区林屋图轴

第二章

曹植的陶耳杯

如果没有酒，哪有曹孟德对酒当歌、人生几何的苍凉豪迈和苏东坡把酒问青天的驭宇胸怀？又哪有欧阳修酒逢知己千杯少的人生感叹和辛弃疾醉里挑灯看剑的爱国悲愤？但酒只是让人沉醉，而人生还是需要保持几分清醒。吃茶去，且从容，不知不觉间，便已参透世事。

耳杯传奇

此件耳杯为灰色陶质，长约11厘米，侈口，浅腹，双耳，平底，1951年6月出土于山东东阿曹植墓。

据清代《东阿县志》记载：

> 魏东阿王曹子建，每登鱼山，有终焉之志。后，徙王陈，薨。其子志，遵治命，返葬于阿，即山为坟。

曹植墓位于东阿县城南19千米处的鱼山西麓，依山营穴，封土为家，始建于魏青龙元年（233）三月。墓葬平面呈"中"字形，由甬道、前室、后室三部分组成，墓葬朝向为坐东面西，墓葬全长11.40米，宽4.35米。1996年11月，东阿鱼山曹植墓被国务院定为全国第四批重点文物保护单位。

　　曹植墓中所出土的132件文物，大都为比较粗糙的陶器，还有几件石器和料器，没有发现其他贵重物品。这符合其父曹操一贯倡导的"令民不得复私仇，禁厚葬，皆一之于法"和其兄曹丕在遗令中规定的"无藏金银铜铁，一以瓦器"。当然，曹植生前的生活是比较困苦潦倒的，"既徒有国土之名，而无社稷之实，又禁防壅隔，同于囹圄"，死后亦难以厚葬。

　　曹植（192—232），字子建，是曹操之妻卞氏所生第三子，与兄长曹丕是一奶同胞。他"生乎乱，长乎军"，从小就聪颖不群，学识渊博，文采绝伦。但他任性而行，饮酒不节，使其争夺太子失败，后半生迁徙流离，愤懑不已，虽七步成诗，然"抱利器而无所施"。公元232年，曹植去世，谥号"思"，意为追悔前过，世称"陈思王"。第二年（233），其子曹志遵父遗嘱归葬其于东阿鱼山。

　　耳杯又称杯、具杯、羽觞，是三国时期常见器物，基本形制是扁椭圆，弧形壁，浅腹平底，饼形足或高足，口缘两侧各有一个半月形耳或方形耳。这种器物始于春秋战国时期，是由椭杯、舟等演变而来，盛行于秦汉至魏晋南北朝时期，唐代以后便很少见到。其材质有漆木、青铜、金、银、玉、陶等，其中玉耳杯由诸侯王、列侯等身份地位比较高的人使用，漆耳杯使用者范围较广泛，上至帝王诸侯、下至一般贵族均可使用。

[西汉] 漆盒装耳杯　湖北荆州凤凰山168号
墓出土　荆州博物馆藏

[西汉] 玉耳杯
台北故宫博物院藏

耳杯常用作酒器以饮酒，《楚辞》云"瑶浆蜜勺，实羽觞些"，意为用勺子往耳杯里添加美酒；《汉书》曰"酌羽觞分消忧"，表达的是以耳杯盛酒，饮酒消愁。浙江宁波西南郊西汉墓出土的漆耳杯内书有"宜酒"字样，湖南长沙马王堆一号汉墓出土的漆耳杯内有"君幸酒"，湖南长沙汤家岭西汉张端君墓出土的青铜耳杯上有"张端君酒杯"，皆为耳杯作为酒具的证明。

此外，耳杯也可用作饮食器。考古出土材料表明，耳杯与案、盘等是汉墓中常见的组合，此组合是为墓主人提供在阴间的饮食器物。山东诸城汉画像石墓中有描绘墓主人端坐接受子孙或访客膜拜的场景，其面前食案上摆满了耳杯及带勺子的漆奁，广东广州汉墓和云南昭通桂家院子汉墓出土的耳杯中有鸡骨或鱼骨残留，这些无疑是耳杯在汉代可作为饮食器的证据。另外，长沙马王堆一号汉墓出土的漆耳杯内墨书"君幸食"，则清楚地表明耳杯在当时也被用作饮食器。

［汉］绿釉陶案
江西省博物馆藏

［晋］陶耳杯　1953年江苏宜兴出土
中国国家博物馆藏

［西晋］青瓷耳杯及承盘
吴文化博物馆藏

［唐］鎏金蔓草鸳鸯纹银羽觞
陕西历史博物馆藏

那么，耳杯可以用来喝茶吗？

中国人对茶的认识，是从食用和药用开始的。最早茶叶被用作"采咀嚼鲜叶，生煮羹饮""啜其汤，食其滓"。犹如今人煮菜汤，亦可视为菜食，故古有茗菜的说法，《晏子春秋》载：

> 婴相齐景公时，食脱粟之饭，炙三戈五卵茗菜而已。

《晏子春秋》系后人收集晏子遗事写成的，是说晏婴在齐国为相时，吃糙米饭，烧3种禽鸟、5种蛋以及茶菜为食。

这种"以茶为菜、以茶为羹"的用茶方式，在我国某些地区仍有遗留。现今云南西双版纳傣族自治州基诺山当地的基诺族人仍有以茶为菜的习惯，他们外出打猎或劳动时，带上几节竹筒饭，饿时在野外生火，采集一些鲜茶叶，揉碎后将干粮和食盐置于竹筒中，引山泉水煮之，即可食用。另外，在湖南省桃源县，当地农民有将茶汁和果仁、豆子等混合在一起碾碎后熬汤喝的习惯，名之"擂茶"，亦是"以茶为羹"的遗风。

由此我们可以推断，在饮茶之风的早期，并没有专门的器具，烹煮茶叶的用具和食器是通用的，或者说食茶之初无定器。作为食器的釜、罐，作为酒器的碗、耳杯等都可能被当作茶器来使用。

我国在饮酒和喝茶方面有着悠久的历史，酒和茶作为中华饮食文化中的两朵璀璨奇葩，在漫长的历史长河中熠熠生辉，让古人的饮食生活更具艺术化色彩。酒使人沉醉，而茶使人清醒，所谓"茶如隐逸，酒如豪士"，新茶陈酒可以给饮者带来不同的美的享受，也满足了人们不同的精神需求。文人墨客书写的关于酒和茶的诗文词曲，也共同构成了博大宏富的中国酒文化和中国茶文化。

中国人工酿酒的历史十分悠久，可以追溯至新石器时代。关于酒的始祖，有人认为是杜康，也有人认为是仪狄，莫衷一是。自夏之后，至唐宋，皆是以果、粮蒸煮，加曲发酵，压榨成酒。元代出现了蒸馏酒，而后逐步普及。中国先民不仅很久以前就掌握了酿酒技术，酒具制作也应运而生，在距今4000多年前的龙山文化遗址中出土了大量制作精美的酒具。不难看出，在我国数千年的文明发展史中，酒与中国文化的发展基本上是同步进行的。

酒对中国人而言，开心的时候，它可以助兴；悲伤的时候，它又可以解忧。酒，在我国的传统文化中，历来都是精神诉求大于物质诉求的，它是一种文化，换句话来说，中国数千年的文明史相当于一部酒的文化史。

如若没有酒，我们数千年的文明历程会演变成什么样？是白开水一般的无味，还是仿若涓涓细流一样的平淡？是犹如千篇一律的八股文一般的乏味，还是终其一生归附于庙堂一样的无趣？其结果不敢设想。

然而，羽觞酌美酒，也会误了大事。

才高八斗

曹植是一位有政治抱负的诗人，但受到了其兄曹丕的防范、排斥和打击，多次被贬，甚至险些丧命。黄初四年（223）到太和三年（229），曹植被封到河南雍丘、浚仪（今河南省开封市）。其间，曹丕去世，曹睿继位，曹植认为能够改变自己状况了，提出了不少治国之道，要求为国家作出点贡献，却因曹睿猜忌之心过重而作罢。

皇帝换了，曹魏王朝控制诸王仍十分严厉。封国小，地方穷，户口少，所谓"子弟王空虚之地，君有不使之民"。由于曹魏王朝控制诸王如此之严，曹植一直生活在郁闷之中，对前途感到怅然绝望。

太和三年（229）到太和六年（232），曹植被封为东阿王。关于被封为东阿王的原因，曹植在其《转封东阿王谢表》中写道：

> 太皇太后念"雍丘下湿少桑，欲转东阿，当合王意，可遣人按

行，知可居不"?

而当时的东阿"田则一州之膏腴，桑则天下之甲第"，比较富裕。因此，转封东阿算是很大的照顾。

虽然生活状况有所改观，但这时的曹植心态已经发生了很大的转变。况且，太和四年（230）六月母亲卞太后的去世，对他精神刺激甚重。曹植之所以能苟延残喘，全赖卞太后的庇护，最亲近之人的离开让曹植痛不欲生。与此同时，由于长期在政治与生活上遭受种种挫折和失意，身体状况也与日俱衰。据《太平御览》卷三七六引《魏略》记载：

> 陈思王精意著作，食饮损减，得反胃病也。

在诸多不幸面前，曹植已经不再有施展政治抱负的幻想。

可以说，经过多次迁徙之苦，在东阿期间的曹植已经感到身心憔悴，日薄西山，加之鱼山风水极佳，因此，"有终焉之心，遂营为墓"。但没想到的是，太和六年（232）二月他又被迁至陈地（今河南省淮阳县）为王，故后世称之为"陈王"。9个月之后，即太和六年十一月，曹植在忧郁中病逝，时年41岁。

曹植是一个大才子，其才华在少年时期就已经广为人知。陈寿在《三国志·曹植传》中有言：

> 曹植年十岁余，诵读《诗》、《论》及辞赋数十万言，善属文。太祖尝视其文，谓植曰："汝倩人邪？"植跪曰："言出为论，下笔成章，顾当面试，奈何倩人？"时邺铜雀台新成，太祖悉将诸子登台，使各为赋。植援笔立成，可观。太祖甚异之。

曹植31岁时写就的《洛神赋》，以区区千字把一位诗人和洛水女神

［宋］摹本《洛神赋图》局部　故宫博物院藏

的爱恨怨愁渲染得如梦如幻、淋漓尽致，以至千秋传诵，余音绕梁。

　　如此才子，何以在刚过不惑之年，就郁郁病逝？历代文人无不为之扼腕叹息，并把曹植之死归咎为其兄曹丕，指责曹丕嫉贤妒能。其实，若客观评价曹植英年早逝的原因，其自身因素是决定性的。曹植有文才，但当时的时代迫切需要的是干才，是能够继承曹操统一大业、稳定社会政治和经济的管理人才。而在曹植兄弟之中，具备如此才华的非曹丕莫属。

　　曹植即使有继承王位的想法，也根本竞争不过长兄曹丕。首先，长子继承制已经深入人心，废长立幼不合规矩，曹操旧臣不会答应，老百姓也未必支持。其次，曹丕长期跟随曹操征战，学会了很多用人和管理的知识，其政治才能远非曹植所能够企及。

曹植要想从政，必须遵守规矩，接受社会的约束，但他在这方面恰恰很弱。曹植的悲哀不在其政治上的低能，而是他自始至终都没有认识到自己的优势和缺陷，找不到自己在社会上应有的位置。他动辄干政议政，给皇上打报告，指东画西，甚至还"植常自愤怨，抱利器而无所施"。他把自己当成一个人物，去忧国忧民，替天子出主意，不在其位偏谋其政。

另外一个不可原谅的缺陷，就是曹植纠集一伙文人，借用文学的形式，评点时政，指桑骂槐。这样一来，怎么能不触犯朝廷大忌，惹得曹丕不满，不得不采取果断措施，斩除其身边的党羽，调其离开权力中心。曹植之死，其实是自己高看了自己，最终自己耽误了自己。

也许，曹植生前已经能够认识到，自己一迁再迁，越迁离王朝的都城越远，根本不可能实现自己的政治抱负了。但是，他希望回归都城，再进朝廷的理想却始终没有破灭。所以，在他决定依鱼山为墓的时候，就把自己的墓向设计为坐东朝西，而不是一般人那样坐北朝南。他把墓葬面向西方，就是要面向自己的故国、故乡，面向自己青少年时期生活过的邺城、许都和洛阳，面向魂牵梦萦的洛神之洲。

曹植的悲剧自然与他的任性而行有关，但其饮酒不节也误了许多大事。

三国时期，酒在人们的生活中占有相当重要的地位，酒的消费量远远高于秦汉时期。在战乱频繁的年代，人们感到命运难以把握，因而放纵自己、尽情享乐，"何以解忧，唯有杜康"，饮酒成为当时的社会风气。那件陶耳杯的主人曹植也与酒结下了不解之缘。酒曾带给他潇洒狂放，让他创作了许多"骨气奇高，词采华茂"的作品；酒也给他的生活带来了痛苦，葬送了他的政治生涯。

　　曹植曾以他的才华博得曹操的喜爱，曹操认为他是"儿中最可定大事者"，甚至有意废长立幼，将他立为世子，欲在政治大业上委以重任。曹植本人自青少年时期就跟随曹操征战，也有强烈的建功立业之心。他曾渴望"戮力上国，流惠下民，建永世之业，流金石之功"，更愿"捐躯赴国难，视死忽如归"。然而这一切，却因他任由性情、"饮酒不节"而付之东流。

　　建安二十三年（218），曹植与杨修醉酒后乘车行驶道中，私开司马门。曹操得知此事后大怒，将负责司马门的公车令处死。不久后，杨修也被杀。为警告曹植，曹操下令禁止诸侯与外人交结往来。这件事使得曹植渐趋失宠，政治前途变得渺茫。

　　建安二十四年（219），曹仁被关羽围困在樊城，曹操决定以曹植为南中郎将去营救曹仁。但是，曹植因为醉酒不能受命，让曹操深感失望。曹操派遣曹植去樊城营救曹仁，这本是一场胜券在握的战役，曹操希望以文采见称的曹植获得军功，但曹植因为醉酒而辜负了曹操的期望。

　　从此，曹植再也得不到重用。

　　曹植"言出为论，下笔成章"，与四方名流诗酒问答，总论古今。在当时崇尚饮酒的世风影响下，曹植与酒结下了不解之缘。他借酒广交才俊之士，借酒倾诉离愁别恨；酒为他带来了豪气和才情，使其创作了大量诗文。然而，酒也使他遍体鳞伤。

　　建安二十五年（220），是曹植命运的分水岭——父亲曹操去世，兄长曹丕继位。曹植失去了庇护，他由父王的宠儿变为时时受到监视的皇帝的政敌；由"不及世事，但美遨游"的公子成为"颇有忧生之叹"的罪臣。在以后的岁月里，频遭兄长曹丕与侄儿曹睿的迫害，历尽磨难，他的后半生过着"名为王侯，实为囚徒"的生活。

　　小小耳杯，可以饮酒，亦可喝茶。而且曹植所处的三国时期，确实已有饮茶的风尚。据《三国志》记载，韦昭是东吴末帝孙皓统治时期的史学家，孙皓好饮酒，常常邀请韦昭竟日饮之。韦昭不善饮，孙皓为了给他解围，偷偷赐给他茶，以当作酒饮用。

倘若曹植能像韦昭一样，少饮些酒，多喝点茶，或许会是另一种命运吧。

茶酒当歌

宋代文人张抡有《诉衷情》，分别咏"读书""赏花""操琴""泛舟""高眠"等，"喝茶""饮酒"亦在其中。其"喝茶"词云：

> 闲中一盏建溪茶。香嫩雨前芽。砖炉最宜石铫，装点野人家。
> 三昧手，不须夸，满瓯花。睡魔何处，两腋清风，兴满烟霞。

其"饮酒"词云：

> 闲中一盏瓮头春，养气又颐神。莫教大段沉醉，只好微带醺。
> 心自适，体还淳，乐吾真。此怀何似，兀兀陶陶，太古天民。

适当的喝点茶、饮点酒，保持一种平常心，的确有益于身心健康。呼朋引类，广结善缘，茶和酒都是一种良好且有效的润滑剂。许多生意、许多烦扰，都可以在茶馆予以解决，或者大致谈定。

迎来送往，聚散离合，是人际交往中普遍不过的。无论古今，概莫例外。但是何时饮茶，何时饮酒，大概有些讲究。朋友久违重逢，难免要表示欢迎一下。这欢迎的方式，早期大概都是敬酒，到了中唐以至宋代，人们才以茶代酒，表示敬意。

唐代书法家颜真卿《五言月夜啜茶联句》云：

> 泛花邀坐客，代饮引情言。

南宋诗人杜耒《寒夜》说的也是以茶代酒的事：

> 寒夜客来茶当酒，竹炉汤沸火初红。

同为南宋诗人的郑清之在《春茶》中也写道：

> 一杯春露暂留客，两腋清风几欲仙。

这种变化大概因为陆羽对茶的深刻研究，使人们认识到了茶的妙用，所以开始改变以往传统，以茶代酒，敬奉客人。

一二知己，久违重逢，一边喝茶，一边谈心，足可以慰藉平生。南宋诗人陈仲谔《送新茶李圣喻郎中》中的"不待清风生两腋，清风先向舌端生"，还有道士白玉蟾的《茶歌》中的"绿云入口生香风，满口兰芷香无穷"，都是以茶待客的极高境界。

天下没有不散的筵席，朋友聚首，总要分别。送行却是非酒不可，从古人的诗歌中可以信手拈来一些诗句作为证明。

唐代大诗人李白交游广泛，与朋友的聚会分离几乎遍布日常。他的作品中有大量送别诗，随便浏览一下，我们可以发现这些送别作品差

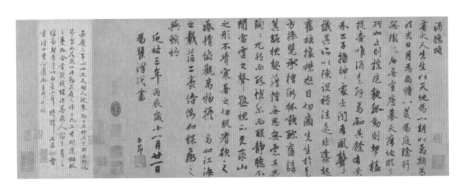

［元］赵孟頫行书《酒德颂》局部　故宫博物院藏

不多都写到了酒，并且是痛饮不休。如《洞庭醉后送绛州吕使君果流澧州》，把将要遭流放的朋友尽量劝醉，为的是使他忘却忧愁，可谓用心良苦。诗云：

> 昔别若梦中，天涯忽相逢。
> 洞庭破秋月，纵酒开愁容。

又如其诗《送韩侍御之广德》，为了送朋友，只好赊酒来痛饮。不但酒是赊来的，连月色也是赊来的。可见情之真、意之切：

> 昔日绣衣何足荣，今宵赊酒与君倾。
> 暂就东山赊月色，酣歌一夜送泉明。

朋友分别，送行时也可乘机进言，或勉励，或告诫。平常不好说的话，在酒席上，乘着酒兴，放胆进言。唐代诗人岑参《送蜀郡李掾》一诗，就是告诫朋友好好做官，多办实事，少贪民财，一定会受到朝廷重用，得到提拔。诗云：

> 饮酒俱未醉，一言聊赠君。
> 功曹善为政，明主还应闻。

为朋友送行劝酒、饮酒，这要看各人的气质与性格，并非每个人都如李白那样，酒兴浓郁、豪气逼人。杜甫比较冷峻，以酒饯行的诗很少，我们几乎从杜甫的诗中闻不到酒味。即便是偶尔发现几首诗中提到酒，也是略作表示，决不酩酊的。如《送李校书二十六韵》：

> 临岐意颇切，对酒不能吃。

《送十五弟侍御使蜀》虽写到酒，但也只是：

> 数杯巫峡酒，百丈内江船。

杜甫的头脑是清醒的，内心却总是沉重的，和他一起饮酒，可能会是最乏味的。《陪李金吾花下饮》虽是玩笑，但可见其谨慎：

> 醉归应犯夜，可怕李金吾。

迎客以茶，送别以酒，这是说茶酒待客的两种场合。其茶酒待客的气氛也不相同：酒是喧嚣的，茶是静雅的；酒是发泄的，茶是内省的。

宋代的黄庭坚写过不少咏茶的词，在他的词里，常常写到酒后品茶，以茶醒酒。有一首名叫《品令·茶词》，写出了茶的这一特性，曰：

> 凤舞团团饼。恨分破、教孤令。金渠体净，只轮慢碾，玉尘光莹。汤响松风，早减了二分酒病。
> 味浓香永。醉乡路、成佳境。恰如灯下，故人万里，归来对影。口不能言，心下快活自省。

能在一起喝茶的必定是好知交，聚在一起饮酒的未必是真朋友，俗语不是有"酒肉朋友"吗？宋人沈蔚的《菩萨蛮·相逢无处无尊酒》一词，所言极是：

> 相逢无处无尊酒，尊前未必皆朋旧。酒到任教倾，莫思今夜醒。
> 明朝相别后，江上空回首。欲去不胜情，为君歌数声。

喝茶和饮酒虽然是闲事，但对于人的身心感受是不一样的。古人论茶，多以涤烦疗渴来述其功用：宋人吴淑《茶赋》说它"效在不眠，功存悦志"；宋徽宗赵佶《大观茶论》说它能"祛襟涤滞，致清导和"；苏东坡说茶"风味恬淡，清白可爱"，称其为"嘉叶"，并以拟人化手法为茶作《叶嘉传》。

唐代元稹有一首《一七令·茶》，云：

> 茶。
> 香叶，嫩芽。
> 慕诗客，爱僧家。
> 碾雕白玉，罗织红纱。
> 铫煎黄蕊色，碗转曲尘花。
> 夜后邀陪明月，晨前独对朝霞。
> 洗尽古今人不倦，将知醉后岂堪夸。

宋人黄庭坚有《阮郎归·摘山初制小龙团》词一首，写到茶的作用。云：

> 摘山初制小龙团。色和香味全。碾声初断夜将阑。烹时鹤避烟。
> 消滞思，解尘烦。金瓯雪浪翻。只愁啜罢水流天。余清搅夜眠。

由于这一功用，茶就有了几个别号，如"清风使""不夜侯"等。

而酒后失态则是常见之事，所以许多行业是禁酒的。宋代朱敦儒的《鹧鸪天·天上人间酒最尊》对这种酒后失态写得淋漓尽致：

> 天上人间酒最尊，非甘非苦味通神。一杯能变愁山色，三盏全迥冷谷春。
> 欢后笑，怒时瞋，醒来不记有何因。古时有个陶元亮，解道君

当恕醉人。

酒后失态，自己虽不觉得，但在旁人看来却是有趣之事。杜甫以他清醒的诗人之笔，曾在《饮中八仙歌》中描写过八位醉鬼的形态，因为都是名人，就都成了可爱的"八仙"。"八仙"在酒筵前毫无顾忌，旁若无人，一个个露出自己的本相，显示出自己的性情和才华，虽然可爱，但亦可笑：

> 知章骑马似乘船，眼花落井水底眠。
>
> 汝阳三斗始朝天，道逢麹车口流涎，恨不移封向酒泉。
>
> 左相日兴费万钱，饮如长鲸吸百川，衔杯乐圣称世贤。
>
> 宗之潇洒美少年，举觞白眼望青天，皎如玉树临风前。
>
> 苏晋长斋绣佛前，醉中往往爱逃禅。
>
> 李白一斗诗百篇，长安市上酒家眠。天子呼来不上船，自称臣是酒中仙。
>
> 张旭三杯草圣传，脱帽露顶王公前，挥毫落纸如云烟。
>
> 焦遂五斗方卓然，高谈雄辩惊四筵。

当然，不光酒能醉人，茶亦能醉人，即"茶醉"。

所谓"茶醉"，是指喝茶过浓或过量所引起的心悸、全身发抖、头晕、四肢无力、胃不舒服、想吐及饥饿现象。尤其是空腹喝浓茶或平时少喝茶的人忽然喝了浓茶，或身体比较虚弱的人喝浓茶，都容易茶醉。

喝茶之所以会发生茶醉现象，是因茶中所含的咖啡碱强有力地刺激中枢神经，使之兴奋所引起。通常一杯150毫升的茶汤，约有80毫克的咖啡碱，每天喝5—6杯茶相当于服下0.4克左右的咖啡碱，一个人服用咖啡碱的最高限量是0.65克，若超过此限量即有危害身体的可能性。

可见，酒也好，茶也好，适量最好，既不能学曹植贪杯饮酒，也不可过度喝茶。

［明］唐寅《临李公麟饮中八仙图》局部　台北故宫博物院藏

［明］佚名《醉八仙图》卷局部　收藏地不详

37

第三章

《萧翼赚兰亭图》中的

老僧饮茶

　　《萧翼赚兰亭图》有多个版本，如辽宁省博物馆藏《萧翼赚兰亭图》
（简称辽博本），此本一般被认为是北宋摹本；台北故宫博物院藏《萧翼
赚兰亭图》（简称台北本），此本一般被认为是南宋摹本；北京故宫博物
院藏《萧翼赚兰亭图》，此本也被认为是南宋摹本；美国弗利尔美术馆藏
《萧翼智赚兰亭图》（简称钱选本），此本相传为元代钱选所作；美国大
都会艺术博物馆藏《萧翼赚兰亭图》，此本旧传为元代赵孟頫所作，现一
般认为是明清托名仿作。而中国国家博物馆亦收藏有两幅《萧翼赚兰亭
图》，一为明人托名赵孟頫所作（简称国博明人本），一为清人所作（简
称国博清人本）。

　　上述各本所绘内容各有异同，但好在均有茶事。

［北宋］佚名《萧翼赚兰亭图》 辽宁省博物馆藏

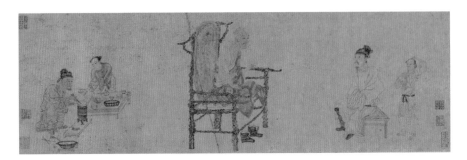

［元］钱选《萧翼赚兰亭图》 美国弗利尔美术馆藏

［明］佚名《萧翼赚兰亭图》 中国国家博物馆藏

［清］佚名《萧翼赚兰亭图》 中国国家博物馆藏

萧翼赚兰亭

唐代文献中基本见不到对"萧翼赚兰亭"相关画作的记录。而关于此典故，唐人确有记载，但内容非常简短，如颜真卿《颜鲁公集》卷二十四载：

> 昔萧翼绍辩才《兰亭叙》，诈称卖蚕种人。荣资道买永兴《庙堂碑》，与钱五十万，余乃不费一文，而以无意得之，胜于萧荣远矣。

张彦远《法书要录》载：

> 翼遂改冠微服，至湘潭。随商人船，下至于越州。又衣黄衫，极宽长潦倒，得山东书生之体。日暮入寺，巡廊以观壁画。过辩才院，止于门前。辩才遥见翼，乃问曰："何处檀越？"翼乃就前礼拜云："弟子是北人，将少许蚕种来卖。历寺纵观，幸遇禅师。"寒温既毕，语议便合，因延入房内，即共围棋抚琴，投壶握槊，谈说文史，意甚相得。乃曰："白头如新，倾盖若旧，今后无形迹也。"便留夜宿，设缸面药酒、茶果等。江东云缸面，犹河北称瓮头，谓初熟酒也。酣乐之后，请各赋诗。

张彦远对萧翼赚兰亭的过程记录得非常详细，当中有不少演绎的成分，然而这是最早将萧翼赚兰亭的典故与茶事联系到一起的文献。张彦远的画史著作《历代名画记》中并没有对《萧翼赚兰亭图》的记载，可见张彦远并没有见过任何版本的《萧翼赚兰亭图》，否则以他对典故的了解，应当记录于画史之中。

宋代文献中涉及阎立本、支仲元、顾德谦等多人作有《萧翼赚兰亭图》，北宋郭若虚《图画见闻志》载：

> 支仲元，凤翔人，工画人物。有《老子诫徐甲》《萧翼赚兰亭》《商山四皓》等图传于世。

《宣和画谱》载：

> 颜德谦……其最著者有《萧翼取兰亭》横轴……

支仲元、顾德谦的《萧翼赚兰亭图》现如今均不得见。传世作品中，有台北故宫博物院藏传为五代巨然的《萧翼赚兰亭图》山水画，不过该作只见大山大水，与茶事无关。

另外，北宋董逌在《广川画跋》中也对自己看到的《萧翼赚兰亭图》提出疑问：

> 将作丞周潜出图示余，曰："此《萧翼取兰亭叙》者也。"其后书跋者众矣，不考其说，爱声据实，谓审其事也。余因考之，殿居邃严，饮茶者僧也，茶具犹在，亦有监视而临者，此岂萧翼谓哉？观孔延之记萧翼事，商贩而求受业，今为士服，盖知其妄。余闻《纪异》言，积师以嗜茶久，非渐儿供侍不乡口。羽出游江湖四五载，积师绝于茶味。代宗召入内供奉，命宫人善茶者以饷师，一啜而罢。上疑其诈，私访羽召入，翌日赐师斋，俾羽煎茗，喜动颜色，一举而尽。使问之，师曰："此茶有若渐儿所为也。"于是叹师知茶，出羽见之。此图是也，故曰《陆羽点茶图》。

董逌从人物穿着考证，认为他所看到的不是《萧翼赚兰亭图》，而是《陆羽点茶图》。

辽博本中的萧翼

钱选本中的萧翼

故宫明人本中的萧翼

国博明人本中的萧翼

关于阎立本作《萧翼赚兰亭图》的记载，到南宋时才流行。南宋施宿《（嘉泰）会稽志》卷十六"吴傅朋跋阎立本画兰亭"载：

> 右图写人物一轴，凡五辈，唐右丞相阎立本笔。一书生状者，唐太宗朝西台御史萧翼也；一老僧状者，智永嫡孙比丘辨才也。唐太宗雅好法书，闻辨才宝藏其祖智永所蓄晋右将军王羲之《兰亭修禊叙》真迹，遣萧翼出使求之。翼至会稽，不与州郡通，变姓名、易士服，径诣辨才。朝暮还往，性意习洽。一日因论右军笔迹，悉以所携御府诸帖示辨才，相与反复折难真赝优劣，以激发之。辨才乃云："老僧有永禅师所宝右军《兰亭》真迹，非此可拟。藏之梁间，不使人知，与君相好，因取以相示。"翼既见之，即出太宗诏札，以字轴真怀中袖间。立本所图，盖状此一段事迹。书生意气扬扬，有自得之色，老僧口张不呿，有失志之态。执事二人，其一嘘气止沸者，其状如生，非善写貌驰誉丹青者，不能办此。上有三印，其一内合同印，其一大章漫灭难辨，皆印以朱。其一集贤院图书印，印以墨朱，久则渝以。故唐人间以墨印，如王涯小章、李德裕赞皇印，皆印以墨。此图江南内库所藏，簪顶古玉轴，犹是故物。太宗皇帝初定江南，以兵部外郎杨克逊知升州，时江南内府物封识如故。克逊不敢启封，具以闻太宗，悉以赐之，此图居第一品。克逊蔡人宝此物传五世，以归其子婿周氏，周氏传再世其孙榖藏之甚秘，梁师成请以礼部度牒易之，不与。后经扰攘，榖将远适以与其同郡人谢伋。伋至建康为郡守，赵明诚所借。因不归，绍兴元年七月望，有携此轴货于钱塘者，郡人吴说得之后见谢伋，言旧有大牙签后主亲题刻其上，云上品画。萧翼签今不存，此画宜归太宗御府，而久落人间，疑非所当宝有者说记。

吴傅朋的跋不仅叙述了萧翼赚兰亭的大致经过，而且把画面中4个

［明］文徵明《跋唐阎立本画萧翼赚兰亭图》　台北故宫博物院藏

人物的情态都描写得非常细致，这与目前流传的《萧翼赚兰亭图》诸本内容基本是一致的。

南宋楼钥《攻媿集》卷七十一"跋袁起岩所藏阎立本画萧翼取兰亭图"亦载：

> 此图世多摹本，或谓韩昌黎见大颠，或谓李王见木平，皆非也。使是二者，不应僧据禅床而客在下座，正是萧翼耳。吴公傅朋云：书生意气扬扬，有归全璧之色，老僧口张不嚼，有遗元珠之态，亦非也。翼以权谋被选远取《兰亭》，首奏乞二王杂帖三数通以行。至越，衣黄衫极宽长潦倒，得山东书生之体，方卑辞以求见。衔袖之书，乃是御府所赍，野童自随，亦携书帙，此正画其纳交之时。后既得《兰亭》，则以御史召辨才，晓然告之，不复作此儒酸态矣。且其时此僧为之绝倒良久，何止口张不嚼而已。右相不惟丹青精妙，其人物意度曲折，尤非后人可及也。

楼钥一方面认为阎立本的《萧翼赚兰亭图》在南宋时就有多个摹本，

另一方面对吴傅朋跋中提出的画面记录是"萧翼赚兰亭"之前还是之后，提出了自己的看法。吴傅朋认为画中场景是"得兰亭"之前，而楼钥认为是"得兰亭"之后。

《（嘉泰）会稽志》和《攻媿集》记载的两条早期关于阎立本《萧翼赚兰亭图》文献记录均与吴傅朋有关，可见吴傅朋在《萧翼赚兰亭图》版本流传过程中所起的作用。吴傅朋生于北宋末南宋初，诗书精湛，雅好茶事，宋人曾几《吴傅朋送惠山泉两瓶并所书石刻》诗云：

> 锡谷寒泉双玉瓶，故人捐惠意非轻。
> 疾风骤雨汤声作，淡月疏星茗事成。
> 新岁头纲须击拂，旧时水递费经营。
> 银钩虿尾增奇丽，并得晴窗两眼明。

曾几（1084—1166），字吉甫、志甫，自号"茶山居士"，吴傅朋与曾几均与茶事关系紧密。在宋代，茶是文人雅士之间往来的媒介，"萧翼赚兰亭"故事中虽然对茶的表述甚简，但《萧翼赚兰亭图》中却把茶事安排在如此重要的场景，其中缘由当与唐宋饮茶风尚有关。

"萧翼赚兰亭"的故事源于唐代，以其为题材进行绘画创作盛于宋代。原本与茶事关涉不多的典故，在唐宋茶风日盛的情况下，以这样的面貌出现，并非偶然。

图中茶具

上述诸本《萧翼赚兰亭图》所绘时代不一，故图中茶具多有不同，但基本都有烧水用的茶铫（茶壶）和烧火用的茶炉。

钱选本中的茶具 　　　　　　　　故宫明人本中的茶具

茶铫（茶壶）

东汉扬雄的《方言疏证》中，对"铫"有一种解释：

> 铫，温器也。

"铫"作为温器，其实并不是烹茶的专用器具，在何家村窖藏出土的素面金铫内侧底部有唐人墨书"旧泾用，十七两，暖药"，金铫暖药的用途说得很明确。

在晋代葛洪的《肘后备急方》中，也有用铫煎药的记载：

> 北来黄丹四两，筛过用好米醋半升，同药入铫内，煎令干，却用炭火三秤。

药铫也可作为暖酒之用，白居易《村居寄张殷衡》诗云：

药铫夜倾残酒暖，竹床寒取旧毡铺。

从材质而言，药铫有金、银、铁等，在唐宋文献中均有记载。用铫来煎茶的文字记载多出于宋代以后，而且煎茶多以石铫为上，宋人陈起《题白沙驿》诗曰：

山泉酿酒力偏重，石铫煎茶味最真。

宋苏轼在《试院煎茶》中不仅谈到煎茶用的石铫，而且对煎茶的场景有非常细致的描绘：

蟹眼已过鱼眼生，飕飕欲作松风鸣。
蒙茸出磨细珠落，眩转绕瓯飞雪轻。
银瓶泻汤夸第二，未识古人煎水意（古语云煎水不煎茶）。
君不见昔时李生好客手自煎，贵从活火发新泉。
又不见今时潞公煎茶学西蜀，定州花瓷琢红玉。
我今贫病长苦饥，分无玉碗捧蛾眉。
且学公家作茗饮，砖炉石铫行相随。
不用撑肠挂腹文字五千卷，但愿一瓯常及睡足自高时。

虽然没有文献记载，但唐代并不是没有用茶铫的佐证。在晚唐钱宽夫人水邱氏墓中出土了一件小的银铫，从体量上来看当为明器，当时考古工作组将其定为"匜"，结合器型以及墓道中同时出土的大量瓷质茶具和墓室中一同出土的银罐、银碟、银匙等，可以推断此为茶铫而不是匜。扬之水认为此银铫残破的空心短宽柄处应有一段接插的木柄，这与《萧翼赚兰亭图》辽博本、钱选本中的描绘暗暗相合。

似乎到了明清时期，茶铫的使用频率就不高了。在《萧翼赚兰亭图》

明清各本中，茶铫被直接换成茶壶，极有可能还是紫砂材质。

茶炉

上述《萧翼赚兰亭图》中茶炉的形制大致相近，皆瘦高，下有三足。茶炉使用时并不直接置于地面，下方有承托之物。如果仔细观察，我们会发现《萧翼赚兰亭图》辽博本对茶炉的细节表现最丰富：炉身分为3层，上层当为明火，中层当为木炭，下层当为灰烬。在炉的下层每两个炉足之间有窗，共3窗，在炉的上层有一对提梁。钱选本虽然在形制上与辽博本相似，但是茶炉下层灰膛如果没有窗孔的话，是不符合常识的。相较而言，明清时期各本中茶炉的表现最为粗率。

陆羽《茶经》记载"风炉"：

> 风炉（灰承）以铜、铁铸之，如古鼎形。厚三分，缘阔九分，令六分虚中，致其污墁。凡三足，古文书二十一字，一足云："坎上巽下离于中"；一足云："体均五行去百疾"；一足云："圣唐灭胡明年铸"。其三足之间，设三窗，底一窗以为通飙漏烬之所。上并古文书六字，一窗之上书"伊公"二字；一窗之上书"羹陆"二字；一窗之上书"氏茶"二字，所谓"伊公羹、陆氏茶"也。置滞墁于其内，设三格：其一格有翟焉，翟者，火禽也，画一卦曰离；其一格有彪焉，彪者，风兽也，画一卦曰巽；其一格有鱼焉，鱼者，水虫也，画一卦曰坎。巽主风，离主火，坎主水，风能兴火，火能熟水，故备其三卦焉。其饰，以连葩、垂蔓、曲水、方文之类。其炉，或锻铁为之，或运泥为之。其灰承，作三足铁柈抬之。

将辽博本茶炉的形制与《茶经》中所记载的风炉形制互相印证，发现基本一致。陆羽对风炉的描绘颇费笔墨，可以说是诸种茶具中较为细致的，一方面通过"圣唐灭胡明年铸"来纪念平定安史之乱，另一方面通过"伊公羹、陆氏茶"彰显自己的追求，炉的形制与卦象之间对应巧妙，将茶事与八卦、五行等天地运行规律融合，是一种将茶事神圣化的尝试。

《萧翼赚兰亭图》台北本的茶炉与其他诸本不同，也与陆羽《茶经》中的记载不同，但并不是说茶炉的表现就不具备唐代茶炉的特征，我们可以从出土实物中找到一些例证。中国国家博物馆藏有一套五代邢窑白瓷茶具，20世纪50年代出土于河北唐县。其中的茶炉瘦高，炉身有窗，底有三足，炉后方有4道纵向风口，几乎与《萧翼赚兰亭图》台北本如出一辙，只是在台北本中表现的是炉的背面。与这件邢窑茶炉同时出土的还有一个小瓷人，据孙机推测该瓷人很可能为陆羽的形象。

[五代] 白瓷茶具　中国国家博物馆藏

台北本中关于这种茶炉的形制在南宋依然可以看到流传的痕迹，台北故宫博物院藏的南宋刘松年《撵茶图》中，就有炉身瘦高、有窗的茶炉，上方的烹茶器是带有提梁的茶铫，并配有盖。台北本所画的茶炉是唐式茶炉无疑。另外有一个细节值得关注，台北本茶炉下方配有"灰承"，其形制与《茶经》中记载的"其灰承，作三足铁柈抬之"高度一致，对于灰承的表现在其他诸本中都看不到，可见台北本应是有唐代母本作为参考的。

《萧翼赚兰亭图》中这种炉身瘦高的茶炉或被称为"深炉"，白居易诗云"春风小榼三升酒，寒食深炉一碗茶""小盏吹醅尝冷酒，深炉敲火炙新茶"；贯休也有诗云"静室焚檀印，深炉烧铁瓶。茶和阿魏暖，火种柏根馨"，皆言及深炉。不过《茶经》中称茶炉为"风炉"，后世茶事中也多以"风炉"称之，唐人韩驹诗中便讲"白发前朝旧史官，风炉煮茗暮江寒"。宋人诗文言风炉者甚众，如周文璞"半酣更乞跳珠水，独对风炉自煮茶"，陆游"竹笕引泉滋药垄，风炉簇火试茶杯"。

唐宋之际还出现了一种竹炉，诗人杜耒《寒夜》曰：

寒夜客来茶当酒，竹炉汤沸火初红。

南宋方岳《次韵君用寄茶》言：

茅舍生苔费梦思，竹炉烹雪复何时。

竹炉的源头或与卢仝有关，后来由明代文人和清代乾隆皇帝等将竹炉推到文化的高点。

从出土实物来看，唐代民间茶炉相对来说粗率一些，2015年河南巩义唐墓出土的巩义窑三彩茶具中也有两件茶炉，其形制如缸。这种形制的炉，我们在纳尔逊-阿特金斯艺术博物馆藏南宋马远《西园雅集图》的

［南宋］马远《西园雅集图》局部　美国纳尔逊－阿特金斯艺术博物馆藏

烹茶场景中也可得以验证。

到了宋代，造茶炉形成了一套规制，宋人晁载之《续谈助》载：

> 造茶炉之制：高一尺五寸，其方广等皆以高一尺为祖加减之，面方七寸五分，口圆径三寸五分深四寸。砂眼高六寸，广三寸。内撩风斜高向上八寸。凡茶炉底方六寸，内用铁燎枝八条，其泥饰同立灶。

与陆羽《茶经》中的"风炉"相比，这种规制下的茶炉形制趋向于简单，马远《西园雅集图》中的茶炉或许依此制而造。

老僧饮茶

唐人对茶事推崇甚重，《茶经·七之事》引用前人之说，对此多有记载：

《神农食经》：茶茗久服，令人有力，悦志。

《搜神记》：夏侯恺因疾死，宗人字苟奴，察见鬼神，见恺来收马，并病其妻。著平上帻、单衣，入坐生时西壁大床，就人觅茶饮。

《神异记》：余姚人虞洪，入山采茗，遇一道士，牵三青牛，引洪至瀑布山，曰："予，丹丘子也。闻子善具饮，常思见惠。山中有大茗，可以相给，祈子他日有瓯牺之余，乞相遗也。"因立奠祀。后常令家人入山，获大茗焉。

壶居士《食忌》：苦茶久食，羽化。与韭同食，令人体重。

陶弘景《杂录》：苦茶，轻身换骨，昔丹丘子、黄山君服之。

除了茶自身的功效受到时人的青睐外，还有饮茶能够轻身、羽化之说，李白有诗谈及长寿之茶与禅修的事情，其《答族侄僧中孚赠玉泉仙

人掌茶》诗云:

> 常闻玉泉山,山洞多乳窟。
>
> 仙鼠如白鸦,倒悬清溪月。
>
> 茗生此中石,玉泉流不歇。
>
> 根柯洒芳津,采服润肌骨。
>
> 丛老卷绿叶,枝枝相接连。
>
> 曝成仙人掌,似拍洪崖肩。
>
> 举世未见之,其名定谁传。
>
> 宗英乃禅伯,投赠有佳篇。
>
> 清镜烛无盐,顾惭西子妍。
>
> 朝坐有余兴,长吟播诸天。

此诗序言:

余闻荆州玉泉寺近清溪诸山,山洞往往有乳窟,窟中多玉泉交流,其中有白蝙蝠,大如鸦。按《仙经》蝙蝠一名仙鼠,千岁之后,体白如雪,栖则倒悬,盖饮乳水而长生也。其水边处处有茗草罗生,枝叶如碧玉。惟玉泉真公常采而饮之,年八十余岁,颜色如桃花。而此茗清香滑熟,异于他者,所以能还童振枯,扶人寿也。余游金陵,见宗侄位置中孚,示余茶数十片,拳然重叠,其状如手,号为"仙人掌茶"。盖新出乎玉泉之山,旷古未觌,因持之见遗,兼赠诗,要余荅之,遂有此作。后之高僧大隐,知仙人掌茶发乎中孚禅子及青莲居士李白也。

李白写此诗与序就是了告知后世之"高僧大隐"茶之功用,而诗文中对茶长生等功效的推崇,已经将其神化。

《萧翼赚兰亭图》中将茶事和僧人联系在一起，这也是一个重要的文化现象，陆羽《茶经》就载有僧人饮茶的故事：

> 宋释法瑶，姓杨氏，河东人。元嘉中过江，遇沈台真君武康小山寺，年垂悬车（悬车，喻日入之候，指重老时也。《淮南子》曰"日至悲泉，爰息其马"，亦此意。），饭所饮茶。永明中，敕吴兴礼致上京，年七十九。

高僧以茶作饭，成为修行能力的一种标榜。唐人封演《封氏闻见记》记录僧人饮茶之事更为详尽：

> 茶早采者为茶，晚采者为茗，《本草》云："止渴、令人不眠。"南人好饮之，北人初不多饮。开元中，泰山灵岩寺有降魔师大兴禅教，学禅务于不寐，又不夕食，皆许其饮茶。人自怀挟，到处煮饮，从此转相仿效，遂成风俗。自邹、齐、沧、棣，渐至京邑，城市多开店铺煎茶卖之，不问道俗，投钱取饮。其茶自江、淮而来，舟车相继，所在山积，色额甚多。
>
> 楚人陆鸿渐为《茶论》，说茶之功效并煎茶之法，造茶具二十四事，以都统笼贮之。远近倾慕，好事者家藏一副。有常伯熊者，又因鸿渐之论广润色之。于是茶道大行，王公朝士无不饮者。

唐代陆羽、常伯熊等都对茶事的推广起到了重要的作用，不过在《封氏闻见记》的记载中，茶事能够在南北推广开来，与学禅之僧人有非常直接的关系。学禅的僧人要避免打瞌睡，而且僧人一般不吃晚饭，因此饮茶能够受到其青睐，并随学禅之人传遍南北，转相仿效，遂成风俗。

唐代有皇家赐茶予僧人的惯例，唐玄宗、唐代宗时期，均有皇家赐

钱选本中的老僧

故宫明人本中的老僧

国博明人本中的老僧

国博清人本中的老僧

茶的记载。释圆照《贞元新定释教目录》卷十四载：

> 和上释梵宗师人天归仰……至八月十五日和上忌晨，奉敕赐茶一百一十串，充大和上远忌斋用修表谢，闻沙门不空言，伏奉恩命今月十五日。故大弘教三藏远忌，设千僧斋赐茶一百一十串。伏戴殒悲启处无地，不空诚哀诚恐以凄以感。故大和上道被四生，化迁十地耀容，缅邈，经此忌辰，倍增霜露之悲，深积鹤林之痛。陛下恭弘会嘱，远念芳献，分御膳以饭千僧，流香茗数盈百串，缤纷梵宇，郁馥禅庭，凡在门生无任感荷，不胜悲戴之至，谨附监使，奉表陈谢以闻，谨言。

茶事本身不是"萧翼赚兰亭"故事的关键环节，然而《萧翼赚兰亭图》版本的流传，创造了僧人、高士与茶事这类图像传播和文化书写的范式。僧人茶事，禅思湛然，茶与禅就是这样结合得愈发紧密。如杜牧的《题禅院》中就描写了茶烟轻飏的场景：

> 觥船一棹百分空，十岁青春不负公。
> 今日鬓丝禅榻畔，茶烟轻飏落花风。

白居易的《早服云母散》中，以一碗茶坐禅观月，写出了自己"身不出家心出家"的心境：

> 晓服云英漱井华，寥然身若在烟霞。
> 药销日晏三匙饭，酒渴春深一碗茶。
> 每夜坐禅观水月，有时行醉玩风花。
> 净名事理人难解，身不出家心出家。

黄滔的《题东林寺元祐上人院》中，对禅、茶的相望，是其对半生计吏生活的抽离：

> 庐阜东林寺，良游耻未曾。
> 半生随计吏，一日对禅僧。
> 泉远携茶看，峰高结伴登。
> 迷津出门是，子细问三乘。

到了中晚唐时期，茶诗唱和就非常多了，如皮日休的《初冬章上人院》：

> 寒到无妨睡，僧吟不废禅。
> 尚关经病鹤，犹滤欲枯泉。
> 静案贝多纸，闲炉波律烟。
> 清潭两三句，相向自修然。

陆龟蒙的《奉和袭美和初冬章上人院》：

> 每伴来方丈，还如到四禅。
> 菊承荒砌露，茶待远山泉。
> 画古全无迹，林寒却有烟。
> 相看吟未竟，金磬已泠然。

诗文反映的不仅是茶诗唱和、文人交游，还有文士与禅僧之间的文化互动。《萧翼赚兰亭图》正是在这种文化互动中流传下来，成为一种文化现象的见证。唐代至今，多有画家对《萧翼赚兰亭图》进行临仿，而这正是文化书写的力量。

《萧翼赚兰亭图》本身记录的是萧翼的阴谋和唐太宗对《兰亭序》的

痴迷，人们在这个故事流传的过程中也基本对萧翼这种具有"骗取"性质的行为表示宽容，进而成为文化史上一个美谈。然而，在文化书写的过程中，本来并不重要的茶事变成了《萧翼赚兰亭图》的重要场景，僧人辩才在画面中一直处于中心位置，僧人与茶事之间产生了很多有意思的关系。宋人曹勋《山居杂诗》有云：

> 路纡疲脚力，僧老识茶味。
> 策杖趁栖鸦，斜阳在林际。

老僧识得茶滋味。茶一方面提神醒脑助益学禅，另一方面让不食晚饭的僧人抵御饥饿感。但当老僧、茶事联系在一起的时候，萧翼的阴谋、辩才的悔意都不重要了，画面中所有的人、事和物都成为一种超然的存在。

元人高明《题萧翼赚兰亭图》诗云：

> 客舟夜渡中泠水，空山不见羲之鬼。
> 骊珠飞去龙亦惊，月落空梁僧独起。
> 银钩茧纸归长安，蓬莱宫里人争看。
> 一朝风雨暗园寝，玉柙揣碎昭陵寒。
> 龙眠画手元晖笔，当时曾笑萧郎失。
> 至今二子亦何在，久与兰亭共芜没。
> 人生万事空浮沤，走舸复壁皆堪羞。
> 不如煮茗卧禅榻，笑看门外长江流。

无论《萧翼赚兰亭图》是出自阎立本，还是出自李公麟，这些都不是问题之所在。斯人已去，万事皆空，唯余茶香。

第四章

『卢仝烹茶』的千古谜思

2021年9月至10月，"林下风雅：故宫博物院藏历代人物画特展（第二期）"在北京故宫博物院文华殿举办。展览中的4幅高士图很是引人注目，分别为南宋刘松年的《卢仝烹茶图》、明代杜堇的《走笔谢孟谏议寄新茶图》、明代仇英的《卢仝烹茶图》和明代丁云鹏的《玉川煮茶图》轴。各图所绘主题一致，均是"卢仝烹茶"，可见此主题对后世影响之深。

《七碗茶歌》

卢仝，号玉川子，中唐诗人，"初唐四杰"之一卢照邻的孙子。他年轻时隐居少室山，刻苦读书，颇有救世济民之志，但终生未能仕进，故以"山人"自称。另外，他好茶成癖，对茶有很深的研究，被尊为"茶仙"。

卢仝是一位诗风险怪的诗人，是以韩愈、孟郊为代表的"韩孟诗派"的重要成员。他的诗歌对中唐时期的朝政腐败和民生疾苦均有所反映，如《月蚀诗》《观放鱼歌》等。在其诗作中，成就最高、影响最大的当属《走笔谢孟谏议寄新茶》，又称《玉川子茶歌》或《茶歌》，通常称《七碗茶歌》。

这首堪称中国古代"第一茶诗"的诗作，对后代文人的饮茶和茶诗创作均有深远的影响，在中国茶文化史上，是可以与陆羽《茶经》并称的经典。全诗如下：

> 日高丈五睡正浓，军将打门惊周公。
>
> 口云谏议送书信，白绢斜封三道印。
>
> 开缄宛见谏议面，手阅月团三百片。
>
> 闻道新年入山里，蛰虫惊动春风起。
>
> 天子须尝阳羡茶，百草不敢先开花。
>
> 仁风暗结珠琲瓃，先春抽出黄金芽。
>
> 摘鲜焙芳旋封裹，至精至好且不奢。
>
> 至尊之余合王公，何事便到山人家。
>
> 柴门反关无俗客，纱帽笼头自煎吃。
>
> 碧云引风吹不断，白花浮光凝碗面。
>
> 一碗喉吻润，两碗破孤闷。
>
> 三碗搜枯肠，唯有文字五千卷。
>
> 四碗发轻汗，平生不平事，尽向毛孔散。
>
> 五碗肌骨清，六碗通仙灵。
>
> 七碗吃不得也，唯觉两腋习习清风生。
>
> 蓬莱山，在何处。
>
> 玉川子，乘此清风欲归去。
>
> 山上群仙司下土，地位清高隔风雨。
>
> 安得知百万亿苍生命，堕在巅崖受辛苦。
>
> 便为谏议问苍生，到头合得苏息否。

孟谏议即孟简，曾任谏议大夫，此时任常州刺史。卢仝一直称孟简为"谏议大夫"，说明他对这个职位比较在意，该职可以直接向皇帝提意见，把民间疾苦上达天聪。常州、湖州是中唐时期朝廷贡茶——顾渚紫笋、阳羡紫笋的产地，监督贡茶的生产制作乃两州刺史的重要职责。大约在元和七年（812）春天，常州刺史孟简特地派人给嗜茶的卢仝送去刚制好的300片阳羡新茶。

《七碗茶歌》开篇的前几句写卢仝收到新茶，以手摩挲，珍爱之意历历在目。接下来的数句写阳羡紫笋茶的生产和制作，因为皇帝要喝紫笋茶，其他花草都不敢抢在茶芽之前开花。这样写来看似庄重，也包含调侃揶揄之意。

卢仝突出阳羡茶饼的精致和贵重，像他这样寒碜的"山人"能够享受如此好茶，全赖朋友之赐。然后转入描写喝茶的体验，这是全诗最为精彩之处，写出了寒士的愤懑和兀傲。诗人借着茶力两腋生风，飘然仙去，这种诗思显然继承了古代游仙诗"坎壈咏怀"的传统。

诗中形象生动地把饮茶中不同层次的感觉细致清晰地表达出来，从一碗至七碗的海饮中，诗人饮茶时的感受也从生理上的"甘甜""解渴"进入心理上的"涤烦""飘飘欲仙"。于是，诗人从解渴似的喝茶过渡到满足审美感官的品茶，最后诗人甚至进入了茶所带来的"茶我两忘"的审美境界。

六祖慧能曾说：

> 佛在灵山莫远求，灵山只在汝心头。
>
> 人人有个灵山塔，好向灵山塔下修。

慧能认为只要修心便可成佛，并不需要每天拜忏念经。而卢仝的诗也深含佛道精粹，《七碗茶歌》中恰好流露出这样的意境。卢仝宣扬只要饮茶便可摆脱身体这副臭皮囊，超脱自我，飘然成仙。羽化成仙是道教的理论支柱，但诗人认为无须炼丹求药才可成仙，只要饮茶便能体味成仙的境界。

然而，卢仝升仙并非图个人解脱，最后几句转入向蓬莱山的仙人为苍生请命的主旨，开创出深广厚重的境界，这与杜甫的诗心一脉相承。阳羡茶成为贡茶，给当地茶农带来了极大的负担，使他们疲于奔命，憔悴不堪。唐代中后期，担任江南税务的官员不断增加茶税，常州地方官员也找不到减轻茶农负担的好办法。卢仝一介布衣，不得不向神灵请命，诗心极苦，诗境极厚。卢仝的《七碗茶歌》超出了陆羽《茶经》所规定的范围，蕴蓄着寒士的寥落、游仙的飘逸和仁者的忧患。

卢仝的《七碗茶歌》在后代文人心中已积淀成一种饮茶模式和文化心理。唐朝以后，卢仝和他的"七碗茶"经常出现在茶诗文中。特别是在宋代，许多诗人对卢仝都抱有赞誉倾慕的态度，他们以卢仝为尊，从内心深处认可卢仝的成就，遵从卢仝的品位，并以能与其媲美为荣。这种狂热的崇拜心态，在他们的茶诗中表露无遗。

文同的《谢人寄蒙顶新茶》说："玉川喉吻涩，莫惜寄来频。"他自比嗜茶、识茶的卢仝，毫不客气地向友人提出希望能多寄些茶来润润喉吻。

梅尧臣的《尝茶和公仪》曰："莫夸李白仙人掌，且作卢仝走笔章。"诗人认为他所品尝的北苑茶要远胜李白曾经赞誉过的仙人掌茶，在茶香中激发出无限的诗兴，所以能效仿卢仝走笔龙蛇出华章。

苏轼也甚是推崇卢仝，屡屡在诗中提及玉川子，如《马子约送茶作六言谢之》中的"惊破卢仝幽梦，北窗起看云龙"。诗中苏轼以卢仝自居，说自己也跟卢仝一样被代替友人前来送茶的信使从梦中惊醒，兴奋中便起身观看煎煮云龙茗茶。

陆游自称陆羽后代，对陆羽及其《茶经》赞赏有加，诗中也常常提起陆羽，但对于与陆羽齐名的卢仝，他的态度显得有些微妙。在《昼卧闻碾茶》中，他称"玉川七碗何须尔，铜碾声中睡已无"，尽管陆游揶揄像卢仝一样连饮七碗以除睡魔是不必要的，但也从侧面反映出了卢仝《七碗茶歌》传播之广。

孙觌《饮修仁茶》中的"亦有不平心，尽从毛孔散"，是化用卢诗"四碗发轻汗，平生不平事，尽向毛孔散"，认为饮茶能消除人世之不平，使人获得暂时的精神欢愉；黄庭坚《满庭芳·茶》中的"搜搅胸中万卷，还倾动、三峡词源"和蔡松年《好事近》中的"无奈十年黄卷，向枯肠搜彻"，语出卢诗"三碗搜枯肠，唯有文字五千卷"，认为饮茶能激发人的诗性，使人下笔如有神，才思如泉涌。

更多的是化用卢诗"唯觉两腋习习清风生"，有惠洪《与客啜茶戏成》中的"津津白乳冲眉上，拂拂清风产腋间"，苏轼《行香子·茶词》中的"斗赢一水，功敌千钟。觉凉生、两腋清风"，毛滂《西江月·侑茶词》中的"留连能得几多时，两腋清风唤起"，谢逸《武陵春·茶》中的"两腋清风拂袖飞，归去酒醒时"，王庭珪《好事近·茶》中的"今夜酒醒归去，觉风生两腋"，史浩《画堂春·茶词》中的"欲到醉乡深处，应须仗，两腋香风"，刘过《临江仙·茶词》中的"饮罢清风生两腋，余香齿颊犹存"，葛长庚《水调歌头·咏茶》中的"两腋清风起，我欲上蓬莱"，等等。

"茶我两忘"是卢仝开拓的一种新的审美体悟，它表现了饮茶境界的极致之美，创造了一片广阔的精神世界，使士人能暂时从世俗生活中解脱出来，飞到理想的精神世界去。这种"茶我两忘"的审美体悟是卢仝独有的，也影响了宋人饮茶的品位，他们认为"飘飘欲仙"是饮茶时所能达到的最高层次的审美享受，也以能达到这种浑然忘我的境界为荣。对宋人来说，这不仅是一种风雅之举，还是士人洗涤心灵的途径，于是他们在诗词歌赋中频频表现这种审美境界。

《卢仝烹茶图》

不仅如此，"卢仝烹茶"还成为不少画家的创作题材，用画面来表达《七碗茶歌》的诗意。南宋画家刘松年的《卢仝烹茶图》，为绢本设色，纵24.1厘米、横44.7厘米，现藏于北京故宫博物院。

此图旧传为刘松年所作，但实为南宋院画。图中人物衣纹用笔细劲，风格颇近刘松年一派，故长期以来被认为是刘松年之作。据《南宋院画录》记载，它的画面是这样的：

> ……所谓破屋数间，一婢赤脚举扇向火，竹炉之汤未熟。而长
> 须之奴复负大瓢出汲。玉川子方倚案而坐，侧耳松风以俟七碗之入
> 口。可谓善于画者矣。

画中的卢仝为坐式，并有一婢一奴代为煎茶，奴婢的形象当源于韩愈《寄卢仝》诗中所描绘，"一奴长须不裹头，一婢赤脚老无齿"。这样的构图体现卢仝风雅闲静的品格，贴合他的"山人"身份，与陆羽《茶经》中的饮茶理念颇为相通。

令人遗憾的是，因绢地破损，图中老婢形象已不完整，仅模糊可见绿槐之下有破屋数间，竹炉一侧，老婢赤脚举扇向火，玉川子孤坐一旁，侧脸凝视，仿佛急等"松声入鼎、白云满碗"。透过窗户隐隐可见火苗闪动，借以交代"茶仙"正在烹茶，构思巧妙。屋外道路上，仆人挑着一大葫芦，走向湖边准备取水。整体氛围悠闲雅致，十分惬意。

［南宋］刘松年《卢仝烹茶图》 故宫博物院藏

此图后幅有唐寅跋：

> 右玉川子烹茶图，乃宋刘松年作。玉川子豪宕放逸，傲睨一世，甘心数间之破屋，而独变怪鬼神于诗。观其《茶歌》一章，其平生宿抱忧世超物之志，洞然于几语之间，读之者可想见其人矣。松年复绘为图，其亦景行高风，而将以自企也。夫玉川子之向，洛阳人不知也，独昌黎知之。去昌黎数百年，知之者复寒矣。而松年温之，亦不可不为之遭也。予观是图于石湖卢皋副第，喜其败炉故鼎、添火候鸣之状宛然在目，非松年其能握笔乎！书此以俟具法眼者。唐寅。

刘松年的画作意在表达"山人"的幽雅脱俗，与《七碗茶歌》对照，遮蔽了卢仝关注现实、同情茶农，愿为茶农请命的内涵。此后牟益、钱选、杜堇、唐寅、仇英、丁云鹏、陈洪绶、金农等人都有以"卢仝烹茶"为题材的画作。刘松年的《卢仝烹茶图》构图方式对后来同题材的作品影响甚大，后代画作多采用此方式。

［明］杜堇《走笔谢孟谏议寄新茶图》 故宫博物院藏

　　明代画家杜堇笔下的《走笔谢孟谏议寄新茶图》，直接描写了《七碗茶歌》第一段的"日高丈五睡正浓，军将打门惊周公"之景。这是杜堇《古贤诗意图》卷中的一段，但细细品味，并未触到《七碗茶歌》的精神实质。

　　杜堇，号古狂，与同样擅画人物的郭诩并称"二狂"。但他的用笔却不狂，而是精于白描，画风既有李公麟、张渥遗韵，又兼容"院体"。此图可谓栩栩如生，玉川子卧枕高眠的酣睡样和军将手持新茶敲门的急促样，跃然纸上。杜堇功力的高深之处，就在于仅仅通过秀劲的线条便刻画了更传神的形象，传递了更丰富的情绪。

　　"吴门四家"之一的仇英也有一幅《卢仝烹茶图》，此图延续了宋人经典图式：参天松林之下，卢仝独坐茅舍，老妪一侧煮茶，老仆汲水而归。人物衣纹简劲顿挫，又以白线复勾，设色古雅，仍然是宋人的味道。仇英的人物画工细雅秀、含蓄蕴藉，用色淡雅清丽，有着文人画的笔致

［明］仇英《卢仝烹茶图》 故宫博物院藏

［明］丁云鹏《玉川煮茶图》轴　故宫博物院藏

墨韵，在这件作品中表现得淋漓尽致。

明后期画家丁云鹏的《玉川煮茶图》轴，一反宋人图式：将卢仝置于耸立的芭蕉和太湖巨石之下，以李公麟之法画玉川子；借唐末贯休的梵相画法刻画仆人、老姬两人，脸相变形夸张。全图设色明丽，极富装饰性。

四图相较，可以感受到丁氏笔下的玉川子，已无卢仝诗中"柴门反关无俗客，纱帽笼头自煎吃"的隐士形象，而呈现出世俗之气。随着明清两代隐逸文化的逐渐消减，隐逸精神包含的高节之气已非画家关注的重点，高士图成为借题之作，也就不免带上了世俗化的痕迹。

不过，在明清时期流行的紫砂壶上，也开始出现"卢仝烹茶"主题，但限于紫砂材质的原因，壶上一般只刻诗句。如嘉庆年间邵友兰制诗句温壶，题识为"卢同（仝）七碗风生液（腋），李白吟诗斗百篇"；道光年间石某所制的覆斗壶，其上题识"其气清华，七盌（碗）之后，能凌紫霞"；道光年间杨彭年所制锡包紫砂壶，其上题识"丹邱子饮之而得仙，卢仝、陆羽何足以知之"。虽无图画，但"卢仝烹茶"高节之气似乎得以保留。

诗句温壶上的题识

[清·嘉庆] 诗句温壶　故宫博物院藏

诗句温壶上的"阳羡邵友兰制""友兰"款

覆斗壶上的题识

［清·道光］覆斗壶 故宫博物院藏

覆斗壶底款"石某摹古"

烹茶之后

在《卢仝煮茶图》及与之类似的作品上，画家本人和后来的观览者会题上自己的诗作，内容多涉及对卢仝人格和结局的评价。如唐寅《题自画〈卢仝煎茶图〉》：

> 千载经纶一秃翁，王公谁不仰高风？
> 缘何坐听添丁惨，不住山中住洛中？

后人关于卢仝才华的认识，多得自韩愈《寄卢仝》诗中对卢仝的称扬，"先生抱才终大用，宰相未许终不仕。假如不在陈力列，立言垂范亦足恃"。卢仝读书刻苦，关注现实，属于"刺口论世事"并想有所作为的处士。唐寅诗中的"添丁惨"，缘于卢仝之子名"添丁"。

韩愈《寄卢仝》诗有云："去岁生儿名添丁，意令与国充耘耔。"连儿子取名都心系国家，"山人"的外衣包裹着卢仝参与现实政治的热情。

他给儿子所取的名字寄托了他的家国情怀，却不料一名成谶，结局竟然惨遭"添钉之祸"。据载，卢仝不幸遭遇"甘露之变"，被宦官残忍杀害。

唐文宗太和九年（835）十一月二十一日，大宦官仇士良、鱼志弘派神策军（禁兵）杀宰相王涯、贾餗、李训、舒元舆等朝官1000余人，史称"甘露之变"。卢仝死于"甘露之变"一说，不见于唐史，亦不见于卢仝同时代人及晚唐、五代人的诗文，直至入宋以后，始有记载。宋人邵博《邵氏闻见后录》卷九引《唐野史》详细记述了卢仝的结局：

> 甘露祸起，北司方收王涯，卢仝者适在坐，并收之。仝诉曰："山人也。"北司折之曰："山人何用见宰相？"仝语塞。疑其与谋，自涯以下皆以发反系柱上，钉其手足。方行刑，仝无发，北司令添一钉于脑后。后人以为添丁之谶云。

而影响最大的，当推元人辛文房《唐才子传》卷五《卢仝传》中的一段文字：

> 仝，范阳人。初隐少室山，号玉川子。家甚贫，惟图书堆积。后卜居洛城，破屋数间而已。一奴，长须，不裹头；一婢，赤脚，老无齿。终日苦哦，邻僧送米。朝廷知其清介之节，凡两备礼征为谏议大夫，不起。时韩愈为河南令，爱其操，敬待之。尝为恶少所恐，诉于愈，方为申理，仝复虑盗憎主人，愿罢之，愈益服其度量。元和间，月蚀，仝赋诗，意切当时逆党，愈极称工，余人稍恨之。时王涯秉政，胥怨于人。及祸起，仝偶与诸客会食涯书馆中，因留宿。吏卒掩捕，仝曰："我卢山人也，于众无怨，何罪之有？"吏曰："既云山人，来宰相宅，容非罪乎？"仓忙不能自理，竟同甘露

之祸。仝老无发，奄人于脑后加钉。先是生子名"添丁"，人以为谶云。仝性高古介僻，所见不凡。近唐诗体无遗，而仝之所作特异，自成一家，语尚奇谲，读者难解，识者易知。后来仿效比拟，遂为一格宗师。有集一卷，今传。

古诗云："枯鱼过河泣，何时悔复及。作书与鲂鱮，相戒慎出入。"斯所以防前之覆辙也。仝志怀霜雪，操拟松栢，深造括囊之高，夫何户庭之失。噫，一蹈非地，旋踵逮殃，玉石俱烂，可不痛哉！

此后，卢仝死于"甘露之变"一说，广为流传。元代以后，文人墨客论及卢仝，几乎无一不沿袭此说。

在这场惨烈的政治斗争中，卢仝因受宰相王涯牵连，像待宰杀的鸡鸭一样被处死。但以其身份来看，他参与政变的程度是十分有限的。一位奇倔兀傲的诗人竟然以这种极端悲惨的方式成为政治斗争的牺牲品，他的"添钉之祸"怎能不让人惊悸和感叹。

不仅如此，命运还跟卢仝开了个沉重的玩笑。他在《七碗茶歌》里为茶农请命，希望能够减轻他们的负担，可最后让他搭上性命的宰相王涯，是首先提出"榷茶"制度的人。

所谓"榷茶"，就是朝廷对茶叶专卖征收茶税或者管制茶业生产取得专利的措施，其实质是"利归于官，扰及于民"，给茶农带来沉重的负担。《新唐书》明确记载，"其后王涯判二使，置榷茶使，徙民茶树于官场，焚其旧积者，天下大怨"。这对茶农的盘剥更加严苛，王涯算得上中唐的酷吏和敛财的能手，压榨百姓毫不手软。

王涯被杀时，《新唐书》其列传中有这样的记录，"民怨茶禁苛急，涯就诛，皆群诟詈，抵以瓦砾"。面对这个情形，被钉在木桩上的卢仝不仅要承受肉体的疼痛，还要承受精神的折磨。他的结局真是"山人"的悲哀，命运的吊诡、政治的残酷都让他遇上了，他又如何能风雅闲静地焚香品茗？

刘松年的《卢仝烹茶图》过滤了卢仝身上的血腥气，而后人不应该无视卢仝凄惨的结局。曹寅的《题丁云鹏〈玉川煎茶图〉》在反诘语气中表达了对卢仝的惋惜和同情：

> 风流玉川子，磊落月蚀诗。
> 想见煮茶处，颀然麈扇时。
> 风泉逐俯仰，蕉竹映参差。
> 兴致黄农上，僮奴若个知。

曹寅欣赏怪异难读的《月蚀诗》，可谓别具只眼。他认为，卢仝高古醇厚的兴致远接上古，最为难得，一般人也难以理解。曹寅对卢仝的人格别有会心，诗中没有点明，只以"风流""兴致"言之，他似乎有所顾忌，这样的写法不失明智之举。

袁枚《遣兴》之十八亦咏卢仝一事：

> 棋局长安自古谈，塞翁得失岂难参？
> 卢仝不宿王涯第，七碗清茶吃正甘。

袁枚咏史诗喜作翻案文章，如《马嵬》的"石壕村里夫妻别，泪比长生殿上多"，把眼光由宫廷移至民间，发前人所未发。他咏卢仝也采用假设来构思，卢仝如果不在王涯家里留宿，就不会被宦官杀害，还可以悠然地喝他的七碗茶。

然而，历史是不能假设的，袁枚的假设回避了卢仝血腥的结局，和曹寅的题画诗相比，少了沉痛，多了轻巧，此处正见袁枚的风格。

乾隆皇帝在钱选《卢仝烹茶图》和丁云鹏《卢仝烹茶图》上都题了诗，中国古代很多名画法帖上都有这位"十全皇帝"的墨迹，他的创作力还是很丰沛的。我们在欣赏这两幅茶画时往往会忽略乾隆皇帝的题诗，

［元］钱选《卢仝煮茶图》 台北故宫博物院藏

而这两首题诗是不应该被忽略的。

乾隆《题钱选〈卢仝烹茶图〉》诗云：

> 纱帽笼头却白衣，绿天消夏汗无挥。
> 刘图牟仿事权置，孟赠卢烹韵庶几。
> 卷易帧斯奚不可，诗传画亦岂为非。
> 隐而狂者应无祸，何宿王涯自惹讥。

此诗中间两联有点像皇帝批奏折的语气，读来能感受到乾隆皇帝高高在上的倨傲姿态。乾隆也关注卢仝的结局，在天子看来，狂者应该隐于深山不出，这样才不会招来祸患。卢仝不甘寂寞，与宰相王涯结交，引来杀身之祸，只能惹人讥笑。今天读来，字句之间的刻薄、冷酷同样让人心悸。

乾隆正面表达的意思倒与袁枚的《遣兴》有相通之处，袁枚的圆滑和机巧于此可见一斑，他懂得皇帝的心思，并不动声色地予以迎合。

乾隆《题丁云鹏〈卢仝煮茶图〉》诗云：

> 绿蕉翠竹布清阴，火候武文自酌斟。
> 高致雅宜入图画，不须重读彼狂吟。

这首诗的面目就有点狰狞了，乾隆不仅憎恶卢仝的为人，也连带讨厌他的《七碗茶歌》，斥之为"狂吟"。显然，《七碗茶歌》中所体现的寒士的兀傲、游仙的飘逸和仁者的忧患都不是皇帝欣赏的文化人格。在他看来，这样的诗不读也罢，只需看看画就行了。《卢仝煮茶图》的画面主要体现一种林泉高致，一种风雅的情趣，皇帝对此表示认同。

因画废诗，诗与画的距离竟如此之大，所谓"诗中有画，画中有诗"

在这里也就失效了。古代第一茶诗遭遇乾隆皇帝的恶评，这恐怕是卢仝和刘松年等人所不曾料到的。

余语

中国茶文化在唐代的形成，有卓越贡献者莫过于陆羽和卢仝，诚如明人文尚宾所言：

> 茗饮之尚从来远矣，乃世独称陆羽、卢仝。岂独品藻之精、烹啜之宜，抑亦其清爽雅适之致，与真常虚静之旨有所契合耶。

特别是卢仝《七碗茶歌》一出，后人竞相引用传唱。"卢仝烹茶"也经常成为各类艺术表现的永恒主题，即使在千余年后的"林下风雅：故宫博物院藏历代人物画特展（第二期）"中，卢仝的高士形象依然鲜活。

第五章

法门寺地宫出土的茶具

1987年4月3日，沉睡了1100多年的法门寺唐代地宫重见天日。伴随着佛祖释迦牟尼指骨舍利出土的系列茶具，它们成为迄今为止最重要的茶文化考古大发现，反映了唐人十分考究的饮茶之法和唐朝茶文化的兴盛。

出土茶具

根据地宫《物帐碑》记载，可以明确上述出土器物中有唐僖宗供奉的御用茶器具：

> 新恩赐到金银宝器、衣物、席褥、幞头、巾子、靴鞋等，共计七百五十四副、枚、领、条、具、对、顶、量、张。银金花盆一口重一百五十两，香囊二枚重十五两三分，笼子一枚重十六两半，龟一枚重廿两，盐台一副重十一两，结条笼子一枚重八两三分，茶槽子、碾子、茶罗、匙子一副七事共重八十两，随求六枚共重廿五两，水精枕一枚，影水精枕一枚，七孔针一，骰子一对，调达子一对，稜函子三，琉璃钵子一枚，琉璃茶椀拓子一副，琉璃叠子十一枚……

在这段碑文中我们可以清楚地看到，最能反映唐僖宗供奉茶具的是"茶槽子、碾子、茶罗、匙子一副七事共重八十两"和"琉璃茶椀拓子一副"。茶碾底刻有铭文，"咸通十年文思院造银金花茶碾子一枚并盖共重廿九两，匠臣刘元审，作官臣李师存，判官高品臣吴弘悫，使臣能顺"；在茶碾轴上刻有"碾轴重十三两十七字号"；在茶罗子的底部，也鋬刻有"咸通十年文思院造银金花茶罗子一副，全共重卅七两，匠臣刘元审，作官臣李师存，判官高品臣吴弘悫，使臣能顺"；在长柄银勺柄背，则刻有"重二两"三字。

从器物上的铭文可以看出，"茶槽子、碾子、茶罗"为文思院制作的金银茶器具。文思院为唐代宫廷的内设机构，主要掌管为皇室制作金银器作品。在"茶槽子、碾子、茶罗"上，均刻画有"五哥"的名字，唐僖宗李儇为唐懿宗李漼第五子，在册封皇太子前，宗室内都以"五哥"相称，可以说"茶槽子、碾子、茶罗"是僖宗即位之前就使用的茶具。

茶匙在陆羽《茶经》中并无记载，但宋代蔡襄《茶录》中却说"茶匙要重，击拂有力，黄金为上，人间以银、铁为之"。茶匙的功能，与陆羽《茶经》中"竹筴"作用相同。法门寺地宫出土的鎏金飞鸿纹银匙虽然未刻器具名称，但其上亦刻有"五哥"的名字和"重二两"的铭文，刻画笔迹与"碾子、茶罗"完全相同。从重量上讲，"茶槽子、碾子、茶罗"与地宫出土的长柄银勺本身铭文记载重量相加为八十一两，《物帐

［唐］鎏金壸门座茶碾子
法门寺博物馆藏

［唐］鎏金仙人驾鹤壸门座茶罗子
法门寺博物馆藏

碑》记载为"八十两"，应该是这套茶具入地宫前将它们放在一起所称的标准重量，故有些许出入。

因此可以说，长柄银勺就是"茶槽子、碾子、茶罗、匙子一副七事"中的"匙子"。"茶槽子、碾子、茶罗、匙子一副七事"指的是茶碾子三事（含槽座、碢轴、盖板）、茶罗子三事（含罗座、罗筛、罗合）、银匙（匙子）共计7件。

琉璃茶盏、茶托是僖宗供奉的御用玻璃茶具，《物帐碑》记载为"琉璃茶椀拓子一副"，为地宫出土琉璃器中我国唯一生产的玻璃器具，也是迄今为止所知最早的国产琉璃茶具。茶托（拓）在唐代建中年间才出现。唐代李匡义《资暇集》记载："茶托子，始建中蜀相崔宁之女，以茶杯无衬，病其熨指，取碟子承之。"后因碟子使用不方便，命工匠制作了茶托。

另一件还可以确定为茶具的是蕾纽摩羯纹三足架银盐台，《物帐碑》记载为"盐台一副重十一两"。此器未有"五哥"的刻名，也未列入"一副七事"之中，但盐台上的铭文可以证实，它也是唐僖宗的御用茶具。其铭文为"咸通九年文思院造银涂金盐台一只并盖共重一十二两四钱，判官臣吴弘悫，使臣能顺"，与"茶槽子、碾子、茶罗"铭文记载一致，同为文思院制作，但时间相差一年。

所以，能够确定为唐僖宗御用茶器具的，应该是"茶槽子、碾子、茶罗、匙子一副七事""琉璃茶椀拓子一副"和"盐台一副"。

除了唐僖宗供奉的御用茶器具，还有几件是可以用作茶具的器物，如：

1.金银丝结条笼子、鎏金飞鸿毬路纹银笼子

将结条笼子、银笼子划为烘焙器，陆羽的《茶经》中没有这类器具的记载。《茶经》记载焙炙茶饼时，用小青竹制作的"夹"，也可用"精铁、熟铜之类"。待茶炙好后，迅速放入"纸囊"之中，避免吸收空气中

的水分，保持茶饼的香气。而宋代蔡襄的《茶录》中对"茶焙"有记录：

> 茶焙编竹为之，裹以箬叶，盖其上，以收火也。隔其中，以有
> 容也。纳火其下，去茶尺许，常温温然，所以养茶色香味也。

蔡襄（1012—1067）距法门寺地宫封闭的时间（874）相距约一两百年，而"茶焙"本身至今也未发现实物。地宫出土的这两件笼子，只能说可作为"茶焙"使用，日常储存保管茶饼，或者偶尔用火烘烤，以御潮气，而不是煮茶时焙炙茶饼用的。

［唐］金银丝结条笼子
法门寺博物馆藏

［唐］鎏金飞鸿毬路纹银笼子
法门寺博物馆藏

2.鎏金鸿雁纹银则

《茶经》有云：

> 则：以海贝、蛎蛤之属，或以铜、铁、竹匕、策之类。则者，
> 量也，准也，度也。

法门寺地宫出土的鎏金鸿雁纹银则，在《物帐碑》中没有记载，我

们也不知道是谁供奉的。根据其造型，将其定名为"银则"，但与陆羽《茶经》记载的"茶则"还是不尽相同，可以作为"茶则"来使用，但不能完全证实其名称。

3. 系链银火筯

唐懿宗供奉有许多体量很大的香炉。古代焚燃高档的香料，在香炉下部盛放炭火，香料放在炭火上部，香炉燃香时也离不开火筯，此火筯很可能为香具之一。陆羽《茶经》有载：

> 火䇲：一名筯，若常用者，圆直一尺三寸。顶平截，无葱薹勾
> 鏁之属，以铁或熟铜制之。

陆羽《茶经》中的"火䇲"，与地宫出土的火筯相似。因此，它除香具功能外，也可作为茶具使用。

4. 葵口素面盘圆座银盐台

此器原定名为"葵口素面盘圆座银碟"，为遍觉大师智慧轮供奉。他供奉的其他器物有"金函一重廿八两，银函重五十两，银阏伽瓶四只，银阏伽水椀一对共重十一两，银香炉一廿四两"，之后字迹模糊，仅可识别"……三只共重六两"。从重量上看，与三只盘圆座银碟相符，但这三只银碟与地宫出土的、可以确定的摩羯纹蕾纽三足架银盐台有相似之处，也许可以作为盐台使用。不过，智慧轮法师供奉的其他器物，皆为佛教舍利宝函和佛教法器，此银碟或许有其他用途。

5. 鎏金银龟盒

过去将鎏金银龟盒说成是用来贮存茶末的，似有不妥。陆羽《茶经》记载的"罗合"，是与茶罗连为一体的，将碾好的茶末放入茶罗子的罗筛之中，

将茶末筛入罗合内。筛茶时，要加盖摇筛，以防茶末飘散，茶末落入罗合内，以备煮茶使用。地宫出土的茶罗子，其下的抽屉，就应该是罗合。

陆羽的煮茶，讲究的是现炙、现碾、现罗、现煮、现饮，应该是罗完后立即使用。当时贮存茶叶，一般是贮存茶饼，茶饼受潮后还可以烤焙去潮，而茶末则不好保存，何况陆羽煮茶讲究的是煮茶的过程和品茶的意境。如果说银龟盒可以作为茶具，也只可能作为贮存茶饼的器具使用。

6.圈足秘色瓷碗

此秘色瓷碗为唐懿宗供奉，是当时浙江上林湖地区越窑烧制的一种青瓷精品，专供皇家使用，可以说秘色瓷碗是当时最好的饮茶之具。此器与唐佚名《宫乐图》中使用的茶碗在造型和大小比例上都非常相符。

7.白釉瓷碗

虽为法门寺地宫出土，但《物帐碑》没有记载，不知何人供奉。白釉、敞口、玉璧底足，为邢窑产品。唐代出土的此类茶碗较多，应该可以作为茶具。

8.淡黄绿色菱形双环纹琉璃杯

该器从伊斯兰国家进口而来，或可作为茶杯使用。

除此之外，壶门圈足座银风炉、鎏金人物画银坛子、鎏金伎乐纹银调达子、鎏金壶门座波罗子、鎏金双狮纹菱弧型银盒等几件器物，过去一些学者认为也是茶具，但根据最新研究资料，它们应各有用途，不能归为茶具。

［唐］鎏金银龟盒
法门寺博物馆藏

［唐］淡黄绿色菱形双环纹琉璃杯
法门寺博物馆藏

唐人饮茶

唐代茶具过去曾零星发现，但每次出土品种均较单一，难以反映饮茶的全过程。法门寺地宫多种茶具同时出土，各专其用又互相配合，为我们完整演示了一遍唐人饮茶的全过程，且和陆羽《茶经》中的描述基本契合。

我们可以将唐人饮茶简要概括为以下6个步骤，分别为焙炙、碾碎、筛罗、煮水加盐、加茶末和品茶。

1. 焙炙

茶笼子是用来盛放圆形或方形茶饼的器具，一般挂在凉爽通风处，以保持干燥。当茶饼潮湿时，茶笼子也可用于焙炙。

焙炙时讲究颇多，首先，不应在通风处，因为火苗飘忽容易使茶饼受热不均匀。其次，炙烤时最好用木炭，或者用火力强的柴（如桑树、槐树之类），曾经烤过肉、染上了油腻的炭或者是朽坏的木头都不能用，唐人认为这会导致烤出的茶饼有怪味。

法门寺地宫出土的鎏金飞鸿毬路纹银笼子，就是典型的茶笼。笼身呈圆柱形，直口，直腹，平底四足，盖子与笼身做成子母口相扣合。提梁呈半环形，两端弯曲成钩。在笼壁毬路纹上焊贴了19对姿态生动、翱翔自如的飞鸿，盖沿与口沿上下鎏金，笼足为三瓣花朵形状，精致华美。

2. 碾碎

待茶饼干燥后，将茶饼放入茶槽子内，用碢轴碾碎。

民间的茶碾子一般为木制，内椭圆而外长方，椭圆有利于运转，外方能防止倾倒。而皇家所用的茶碾子，则明显更为奢华。

法门寺地宫出土的这套茶碾子，由槽座、碢轴和能抽动的盖板组成，通体鎏金，底部弧形，便于碢轴在槽内来回滚动。前后两端的槽板上各饰有三朵相连的流云纹，内有宝珠形壶门一个。左右两侧的槽板上饰麒麟和流云纹，其间各有镂空壶门3个。巧妙的是，槽面还插入一块可以沿沟槽抽动的长方形盖板，闭合时槽身密封。碢轴两面以轴眼为中心饰鎏金团花，外绕以流云纹，富贵袭人。

3. 筛罗

碾碎的茶叶末有粗有细、有优有劣，显然不是每颗茶叶末都能被用作煮茶的原料，这就要求其必须经过筛罗，取其精华，去其糟粕。

古代的茶罗子实物在过去从被未发现过，法门寺地宫出土的这件鎏金仙人驾鹤壶门座茶罗子可以算是绝无仅有的一件。它由罗座、罗筛、罗合三部分构成，外观上看像一个盝顶方盒，饰有两两相对的纹样。罗座前端饰有云气山岳，后端饰有双鹤流云，两侧饰有两个褒衣束髻的执幡仙人。座上有镂空扁桃形壶门10个，前后各2个，两侧各3个。内部有罗筛和罗合，罗筛框内尚存织罗残片，罗合为长方形抽屉，用来盛接筛下的茶末。

4. 煮水加盐

等茶叶末准备妥当，就可以烧水了。唐人认为，煮茶用的水以山水最好，其次是江河的水，井水最差，奔涌湍急的水不宜饮用。

水煮沸时，有像鱼目的小泡，有轻微的响声，称为"一沸"；锅的边缘，水泡连珠般地往上冒，称为"二沸"；水波翻腾，称为"三沸"。只有到"三沸"时，才能往水里加茶叶末。

唐人饮茶，还喜欢加盐，水初次沸腾时，便应该加盐调味了。但加多少也必须讲求一个度，不能因为口味重就过分加盐，这样就丧失了饮茶的初衷。

法门寺地宫出土的鎏金蕾纽摩羯纹三足架银盐台，便是当时用来贮存盐的器具。它由盖子、台盘、三足架组成。盖子造型十分别致，是一片覆卷的荷叶，叶蒂饰团花一朵，叶面饰摩羯四尾。盖上有莲蕾捉手，莲蕾中空，上下两半可以开合。

5.加茶末

在唐代，流行两种饮茶方式，一种是陆羽倡导的煎茶法，另一种是苏廙提出的点茶法。这两种方式在前四步差别不大，最主要的差别就在于加茶末这一步。

如果是煎茶法，便要在水"二沸"的时候先舀出一瓢水，再用竹夹在沸水中转圈搅动，用"则"（茶匙）量取茶叶末沿着漩涡中心倒下。等水大开，波涛翻滚时，把刚才舀出的水掺入，使水不再沸腾，以保养水面的"沫饽"（水面上的白色沫子）。

而若是点茶法，则更为繁复。首先，茶叶末的细匀要求要比煎茶法高很多，它要求茶叶末最好细如面粉，所以在碾碎和筛罗这两步时要更精细一些。其次，它的冲泡方式与煎茶法相反，煎茶是把茶叶末倒入沸水中，而点茶法则是先在茶盏中备好茶末，然后注沸水于茶盏内，一面注水，一面要用茶筅或茶匙在盏内回环击拂，使水和茶末彼此交融，达到不粘不懈的程度。

唐代晚期，点茶法比煎茶法更为流行，法门寺地宫出土的罗筛网眼极细密，从这一点来看，也更像是为点茶准备的器具，但加盐又是煎茶法的习惯。因此，对于地宫出土的鎏金鸿雁纹银则，有学者认为是煮茶放盐时的量具，也有学者认为是点茶时用来击拂的茶具，争议颇多，不作定论。

该茶则呈圆卵形，微凹，柄部扁长，柄端作三角形。柄的上下两段

[唐] 素胎褐彩花卉盘
中国国家博物馆藏

[唐] 白釉瓷双龙尊　河南巩义出土
河南博物院藏

[唐] 花釉瓷蒜头壶　河南新野出土
河南博物院藏

錾花鎏金，上段为两只飞鸿，衬以鱼子地流云纹；下段以联珠组成菱形图案，其间錾十字花。

6.品茶

陆羽《茶经》有言：

> 茶有九难：一曰造，二曰别，三曰器，四曰火，五曰水，六曰炙，七曰末，八曰煮，九曰饮。

这9个步骤，对于一盏好茶而言皆缺一不可。但只有第九步，是最易被人的主观因素影响的一步，因而看似容易实则难。

《茶经》还说：

> 至若救渴，饮之以浆；蠲忧忿，饮之以酒；荡昏寐，饮之以茶。

可见，对于唐人而言，茶早已超越了一种生活必需品的范畴，而上升到一种精神与文化层面。所以，饮茶饮的远不止是茶本身，更是完成一盏茶的过程，饮用一盏茶的心境。

唐朝的茶文化

唐朝时期，茶已成为人们生活的必需品，与柴、米、油、盐、酱、醋一起成为日常生活中的"开门七件事"，有"茶为食物，无异米盐"的说法。有学者考证，唐朝时期的饮茶器具，民间多以陶瓷茶具为主，而皇室贵族多用金银茶具及其当时稀有的秘色瓷和琉璃茶具。

这说明唐代存在着两种茶文化现象：一种是以文人、僧侣为主体的民间茶文化，另一种是以皇室为主体的宫廷茶文化。这两种茶文化的精神内涵也有区别：前者崇尚自然、俭朴，而后者崇尚奢华、繁缛。但两种茶文化共同体现了"和""敬"的精神，这无疑是相同的。

法门寺地宫出土的这套茶具金碧辉煌、华美富丽，真实地反映了唐代宫廷饮茶风俗。这套贮藏、烹煮、饮用的器具，自成体系，制作奇巧，工艺精湛，既是唐代宫廷饮茶的奢华见证，又是精美的艺术珍品，有着丰富的审美情趣。

据考证，越窑瓷器源于东汉时期，为我国最早的瓷器之一。唐代大兴饮茶之风，人们讲究茶具品质，对制瓷技术起到推动作用，其中以越窑瓷器最为著名，被称为茶具中的精品。而越窑中的秘色瓷，更是成为宫廷贡物，陆龟蒙的《秘色越器》诗赞曰："九秋风露越窑开，夺得千峰翠色来。"陆羽在《茶经》中对饮茶器具的质地、色泽进行了品评：

碗，越州上，鼎州次，婺州次，岳州次，寿州、洪州次。或者以邢州处越州上，殊为不然。若邢瓷类银，越瓷类玉，邢不如越一也；若邢瓷类雪，则越瓷类冰，邢不如越二也；邢瓷白而茶色丹，越瓷青而茶色绿，邢不如越三也。……越州瓷、岳瓷皆青，青则益茶，茶作白红之色。邢州瓷白，茶色红；寿州瓷黄，茶色紫；洪州瓷褐，茶色黑；悉不宜茶。

　　这反映了唐人饮茶时对"色"的讲究，认为茶叶汤色的自然本色为好，能昭显茶叶这一自然之美的瓷器即为上品。故唐人重越瓷，有"越瓯犀液发茶香"之说。

　　法门寺地宫中还出土一只带托的玻璃茶盏，也较为引人注目。唐代的鎏金银茶托曾在西安出土，整套瓷茶盏与茶托也曾在宁波和长沙出土，式样均与之相近。再结合《物帐碑》上的记载，其为茶具，毋庸置疑。这种器型为我国所特有，所以此器当是中土之产品。带托的茶盏一般皆

［唐］秘色瓷碗
中国国家博物馆藏

［唐］素面黄色琉璃茶托、茶盏
法门寺博物馆藏

［唐］秘色花口瓷盘　1987年法门寺地宫出土　中国国家博物馆藏

用于点茶，故其应能耐沸水的冲注。

宋代茶色尚白，故茶具尚黑。又由于《茶经》推崇越器，因此许多人以为唐代的茶具也以色深者为贵，其实不尽如此。唐代罕见白茶，茶以绿色者为主，李泌《赋茶》中的"旋沫翻成碧玉池"，白居易《春尽日》中的"渴尝一碗绿昌明"，皆着眼于此。这种情况至五代仍未改变，郑愚《茶诗》"唯忧碧粉散，尝见绿花生"，皆可为证。

由于茶是绿色，故无须以深色茶具相衬托。比如唐释皎然《饮茶歌诮崔石使君》就说"素瓷雪色缥沫香"；又有皮日休《茶中杂咏·茶瓯》诗云"邢客与越人，皆能造兹器"，他虽然提到越瓷，却仍将白色的邢瓷放在第一位。所以法门寺出土的浅色玻璃茶具，正符合当时的风尚。

根据这些茶具，可知点茶法在唐代后期已较流行，茶具的种类已较完备，烹点技术已相当讲究。凡此种种，均为末茶饮法至北宋时之臻于极盛奠定了基础。

另外，我们结合唐诗的记载，基本可以划分出唐代茶文化发展的各个阶段。唐代茶饮是从山林寺院到皇室贵邸，再逐渐普及民间，成为"比屋之饮"的，其发展有明显的层次性。

查阅浩瀚的《全唐诗》，发现初唐诗歌中描写饮酒的诗俯拾即是，却很少见茶诗，说明此时茶饮尚处在山林寺院阶段。到了盛唐时期，出现了孟浩然、王昌龄、李白、颜真卿、刘长卿、杜甫、皇甫冉、皇甫曾等人写的茶诗。

到了中唐则与日俱增，不胜枚举。凡茶的采制、煮饮、茶会，以及名茶、名水等，无不涉猎。晚唐时期，茶诗的内容发生了质的变化和突破，多描写山野、泉旁、楼台、亭阁的处饮茶，并以音乐伴饮。如崔珏在一首《美人尝茶行》中写道：

> 明眸渐开横秋水，手拨丝簧醉心起。
> 台时却坐推金筝，不语思量梦中事。

徐铉在《和门下殷侍郎新茶二十韵》一诗中有：

> 亭台虚静处，风月艳阳天。
> 自可临泉石，何妨杂管弦。

可佐证，茶由盛唐、中唐的清饮阶段，发展到晚唐音乐伴饮阶段。茶具也由质朴发展到奢华，将品饮推向高层次、高格调、高情趣的境界。

唐代中期以后，北方饮茶成风。受寺院僧人和文人饮茶的影响，宫廷对饮茶之道也十分重视。女皇武则天就将茶作为赏品，亲赐给禅宗六祖慧能。青龙寺主持惠果和尚将代宗赐予他的茶叶换成颜料，绘制成精美的曼荼罗。陆羽的师傅智积禅师也被召入宫中，为皇帝煮茶。而颜真卿、李德裕、刘禹锡等朝廷大臣，既是文人，也是茶道中人。

在僧人与文人饮茶风气的带动下，宫廷茶文化也盛行起来。大历元年（766）与大历五年（770），朝廷先后在阳羡和顾渚设置了"贡茶院"，专门供奉宫廷御用茶叶。新茶长出后，要尽快到山里采摘，必须在十日之内完成，然后快马加鞭，昼夜兼程，于清明节前送到京城。因为"清明茶宴"是宫廷清明节举行的最大的宴请活动，参加人员不仅有王公大臣、皇亲贵戚，还有外邦使者等。宫廷对饮茶的重视，极大地推动了唐代茶文化的发展。

佛教的发展与繁荣，为唐代茶文化的兴起奠定了基础。唐代佛教兴盛，而茶与佛门之间的关系非常密切。禅宗注重"坐禅修行"，要求必须排除所有的杂念，专注一境，以达到身心一致，所以参禅的僧人要"跏趺而坐""过午不食"。而茶则有提神养心之用，既能促进思考，又能减轻饥饿感，故寺院崇尚饮茶。僧人在寺院周围植茶树，悉心制茶，设茶堂、选茶头，专于茶事活动。于是，寺院饮茶之风大盛，并很快影响到社会的其他阶层。

法门寺地宫出土的茶具，是僖宗皇帝作为供养品供奉给佛祖释迦牟尼真身舍利的。佛教在茶中融入"清静"思想，希望通过饮茶把自己与山水、自然融为一体，在饮茶中体味美好的韵律，使精神开释。而且佛教又主张圆融，能与其他传统文化相协调，从而使唐代的茶文化迅猛发展，饮茶之风得以在全国盛行。

余语

毫无疑问，法门寺地宫出土的这些茶具被认为是世界上现存最早、规格最高、配套最完整、工艺最为精美的宫廷茶具。特别是茶学界，谈及茶文化，必离不开法门寺茶器具。作为唐代宫廷饮茶风尚的物证，其所体现出的大唐茶风的奢华与瑰丽，让后人在惊叹之余，亦深感中国茶文化之博大精深。

第六章

《宫乐图》的茶画美学

即使时隔千年,《宫乐图》所代表的唐代绘画精神与风格,仍然如此精妙地展现在世人眼前。人们在赞叹其艺术成就的同时,也可以通过画中的碗盘器皿来了解当时的茶文化,一窥晚唐时品茗的器具形制与特色。

唐人风貌

《宫乐图》为绢本设色,纵48.7厘米、横69.5厘米,现藏于台北故宫博物院。该图以其独特的构图、典雅的色彩,以及流利的线条,堪称我国古代仕女画中不可多得的精品。

关于《宫乐图》的断代问题,《故宫博物院藏石渠宝笈精粹:续编》将其列为元人画;《故宫书画录(卷五)》认为,其"笔法极类周昉、周文矩,似为五代人作品";《故宫书画图录(一)》说,"近年研究本画制作年代应属晚唐,该题为唐人画";《中国美术全集·绘画编3》中,有"是北宋人临摹唐人的作品"之论。

此外,刘凌沧在《刘凌沧讲唐代人物画》一书中,说"《演乐图》(即《宫乐图》)……从作风格式上看显然是宋人的作品";黄培杰在他的《唐代工笔仕女画研究》一书中,认为《宫乐图》是晚唐或离唐代不远的摹本,似五代摹本,属于唐风特别是周昉画风的佳作,底本也有可能是周昉作品;孙机在《中国古代服饰文化》一书中,亦有"如《宫乐

［唐］佚名《宫乐图》　台北故宫博物院藏

图》所见，晚唐则以两把梳子为一组对梳"之语，也认为此画为晚唐作品。

　　而沈从文在其著作《中国古代服饰研究》一书中，所述更为详细：

　　　　其实妇女衣服发式，生活用具，一切是中晚唐制度。长案上的金银茶酒具和所坐的月牙子，以至案下伏卧的猧子狗，无例外均属中唐情形。因此本画即或出于宋人摹本，依旧还是唐人旧稿。

　　一般认为，《宫乐图》为晚唐时期代表性的仕女画。无论如何，《宫乐图》能够反映唐代的社会风貌应该是没问题的。

　　唐代是仕女画发展的高峰，由于唐代社会风气较之前代有了更大的开放性与包容性，这时的绘画题材广泛，内容也涉及了生活的方方面面。随着社会经济发展与统治阶级需要和喜爱，宗教画、肖像画和仕女画在当时十分流行。仕女画大多数是以宫廷贵族女性为主，表现她们安逸华贵的生活场景。

　　唐代的仕女画与魏晋南北朝时期的仕女画有了很大的不同，魏晋时期所崇尚"苗条修长，温柔谦顺"的美变为了唐代"丰肌秀骨，曲眉丰颊"的美，这在五代时期周文矩的《合乐图》卷和《宫中图》卷中亦可窥见。上述两幅画作和《宫乐图》无不向后人展示了唐代贵族奢华的日常生活，以及大唐繁荣的盛世气象。

[五代] 周文矩《合乐图》卷局部　美国芝加哥美术馆藏

　　关于《宫乐图》的主题，众多学者有着不同看法。裘纪平《中国茶画》一书中将《宫乐图》收入"唐代茶画"一节；蔡乃武、沈琼华二人在《〈宫乐图〉之晚唐仕女会茗主题及其创作年代考》一文中，认为《宫乐图》是茶酒并行的主题；而宋时磊《唐代茶史研究》一书中，认为《宫乐图》描绘的是"宫廷妇女集体饮茶的大场面"：

　　　　宫室中设豪华的长案，案上有茶、有酒，宫人各自手执器乐，案上有大器皿盛着茶汤，又有长勺作分茶之用。……从茶艺角度，看出当时茶酒并行不悖的局面，而从思想内容，则主要反映茶杂当时与娱乐相结合的场景。

该书还认为《宫乐图》证明了唐代宫廷"痷茶"习俗的存在，不过"因饮茶人较多故以盆代瓶罐"，持相同观点的还出现在韩生、王乐庆所著的《法门寺地宫茶具与唐人饮茶艺术》中。台湾华梵工业设计研究所徐丽媛的《唐代〈宫乐图〉研究》一文，同样认为该图描绘了唐代茶宴中奏乐畅饮的盛况。

众多学者对于图中碗盘器皿的用途看法也都不相同，所以《宫乐图》是以茶为题材还是以茶酒并行为题材有待商讨，在此不做赘述。

《宫乐图》所绘为宫廷宴饮的欢愉情景，其中服饰妆容华丽仕女十人分别围坐于长案周围，侍女二人站立于长案旁，在侧服侍。贵族仕女的形象丰腴依丽，除了画家对于仕女的精致描绘，画中出现的家具、服饰等方面以及晚唐茶酒文化特色也表现得淋漓尽致。

唐朝是中国历史上的鼎盛时代，绘画也进入了一个辉煌崭新的时期，经学者考察，《宫乐图》为晚唐贵族仕女的生活写照。这一时期的作品延续着盛唐的辉煌，但是又与盛唐时期的仕女画表现有所不同，盛唐健康清丽的仕女形象，到了中晚唐却变成了丰腴忧郁的仕女形象，这可能与画家所处的社会历史环境有关。

唐代是中国低坐家具向高坐家具转型关键期，家具的发展在这一时期的发挥了举足轻重的作用，魏晋南北朝时期从西域逐渐传来的高型家具在唐代继续普及与传播，垂足高坐在中原人民的日常生活中的占有比重慢慢增加。从《宫乐图》中家具的样式可以看出，当时中国正处于传统的低坐家具向高坐家具转型的时期，家具虽不高大，但装饰精美非凡。

之后，五代十国与宋代绘画中的家具一改大唐家具的华丽风范，没有过多装饰，十分简洁质朴，与唐代风格迥异。如五代周文矩的《重屏会棋图》和顾闳中《韩熙载夜宴图》中的家具，与唐代的华丽光彩的艺术风格不同，家具腿部大都做直线处理，没有装饰，以素洁轻简为主。

《宫乐图》的艺术表现既富丽堂皇又活泼明快，图中仕女动作、神态各异，在服饰方面整体看来好似相同，但仔细观察之后，会发现每位仕女的服饰又各不相同。在色彩搭配上，主要以暖黄、红、白为主，色彩

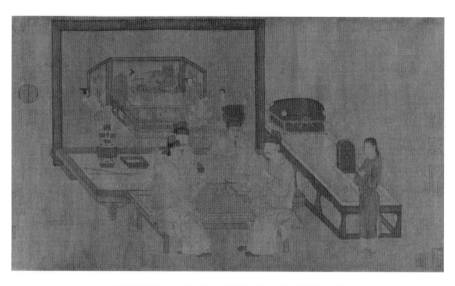

［五代］周文矩《重屏会棋图》局部　故宫博物院藏

［五代］顾闳中《韩熙载夜宴图》局部　故宫博物院藏

在画面上的分布疏密得当，使得观者欣赏时不会觉得是以单一色彩为主，适当地点缀其他色彩，会使整个画面更加协调。

画家还采用细劲的铁线描，准确刻画出了人物的不同姿势和主从关系。类似的艺术表现仕女绘画作品，还有传为唐代周昉所作的《调琴啜茗图》。

从《宫乐图》图中我们可以了解到唐代仕女的娱乐生活和社会的开放程度，以及当时的人文风貌。唐代的生产力发展较快，在整个社会比较富裕，人们生活稳定的情况下，必定会追求生活的享受。即使后来经历了"安史之乱"使得元气大伤，但仍又存续了100多年。《宫乐图》所呈现的唐代宫廷富丽堂皇的景象，正是历史时代下的产物，以及文化高度发展所积累的结晶。

茶酒共饮

《宫乐图》中出现许多碗盘器皿，其中樽1只、勺1只、茶碗5只、漆耳杯5只、花口瓷盘18只、八瓣海棠形果盘2只，我们可以通过画面所呈现的这些器皿来窥视晚唐时期人们的生活场景。唐代饮酒、品茗风尚十分盛行，因此就需要各式各样的器皿。

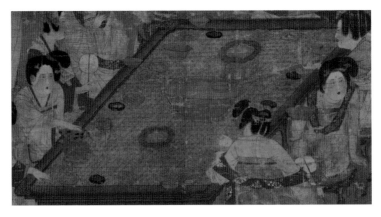

《宫乐图》中的器皿

　　《宫乐图》中长案正中置一樽，右侧一位仕女正拿着长勺舀出樽中茶水。其他的仕女，有的在品味茶水，有的品完茶水后将茶碗搁置案旁，茶碗有大有小，色彩较为统一，皆为黄绿色。这些仕女所使用的茶碗，与1987年陕西省扶风县法门寺地宫中出土的秘色瓷形制、颜色颇为相近。

　　在唐代，越窑青瓷与邢窑白瓷奠定了"南青北白"的瓷器生产局面。越窑的特点是类玉、类冰，呈青绿或黄绿色，是一种有光泽而精致的青瓷。越窑在唐代已成为专为皇家烧造"供奉之物"的窑厂，其中专为供奉上层统治阶级把玩的精品瓷称为"秘色瓷"，主要有碗、盏、盘、碟4类。从《宫乐图》的图像与出土的实物看得出，其器型古朴典雅、晶莹润泽，具有极高的艺术价值。

　　正是由于陆羽和他所著的《茶经》的出现，使唐代茶文化发展到一个空前的高度，标志着我国茶文化的形成。如上文所述，有的学者认为《宫乐图》记录的是唐代宫廷"痷茶"的饮茶方式，《茶经·六之饮》中记载：

　　　　饮有觕茶、散茶、末茶、饼茶者，乃斫、乃熬、乃炀、乃舂，贮于瓶缶之中，以汤沃焉，谓之痷茶。

　　意思是说，饮用的茶有粗茶、散茶、末茶、饼茶，经过斫开、煎熬、炙烤、捣碎的处理后，放入瓶罐内，饮用时再用沸滚的热水冲泡，就是"痷茶"。"痷茶"属于一种粗陋的饮茶方式，重在解渴，满足人们的生理需求，在唐代民间比较流行。然而，这种民间的品饮方式为陆羽所不齿，他认为煮茶要讲究温度和品质。

　　《宫乐图》中将一大樽放置在长案中央，由仕女们自行分取，不仅饮品的温度和品质不能得到保障，而且如此的饮茶方位难免不雅。也有人认为，《宫乐图》中的"樽"应该是煮茶用的"茶鍑"，但其形与陆羽

《茶经》所记之"茶鍑"差距较大。法门寺地宫出土了一套由唐僖宗供奉的金银茶具，保存非常完整，造型优美精致，但也没有与《宫乐图》中的"樽"相似之器物。因此，有学者推测此"樽"应为盛酒之用。

扬之水在《晚唐金银酒器的名称与样式》一文中，归纳唐代酒器的一般样式：

> 作为盛酒器在不同的时代形制都不相同，唐代筵席的盛酒器多为盆，口径在30厘米以上，而樽中置勺可以盛酒。

孙机也在《唐宋时代的茶具与酒具》一文中认为：

> 我国在相当长的时间里用樽盛酒。陕西省长安县南里王村唐墓墓室壁画的一幅宴饮图，绘制绘食案前端矮床上有花口大盆，盆中置弯柄酒勺，正是樽与勺的使用场景。

《宫乐图》中的"樽"与孙机所述的这幅壁画中的十分相近，较之形制更为简约大方。又根据刘方冉在《中国古代茶画研究》一文中考证：

> 河南省偃师市杏园的一座唐墓中曾出土过一只银制鸬鹚杓，通长29厘米，腹呈八瓣状，每瓣上皆刻有缠枝花纹。长柄微曲，柄首似鸟头形，柄身錾小缠枝花纹，现藏中国社会科学院考古研究所；……在唐代，樽、铛、杓、杯等是最基本的酒器种类。……1987年陕西省长安县南里王村发掘了一座唐代壁画墓，不仅随葬有各类酒器，而且墓内壁画中还绘有宴饮图，再现了长安地区中唐时期中小贵族阶层欢宴畅饮场面。画面中间置一长方大案，杯盘罗列，食材丰盛，……正欢宴畅饮，觥筹交错。桌前放一大酒海，内有一酒杓，形状颇似前边介绍的这件鸬鹚杓。

《宫乐图》中所用取饮的器具类似樽勺，而盛具或为酒樽，而非茶勺与茶海。

比较来看，《宫乐图》中的饮具似乎不具备特定形式。饮具也并不是人手一套，就像图中的 5 只漆耳杯，它们错落散置在案上，呈椭圆形，有双耳，浅腹平底，杯内髹红漆，杯外髹黑漆。与这些漆耳杯相呼应的就是左边第二位仕女面前的酒筹，为当时行酒令的道具之一。用过的酒筹放置于酒筹筒旁，筒呈"亚"字形，圆腹，镂空圈足，口部或为玳瑁制成，敞口、浅腹、壁斜直。

耳杯又称"羽觞"，古代常以漆器制成，并多作为饮酒器使用。《招魂》有"瑶浆蜜勺，实羽觞些"之句，大意为往耳杯里添加美酒；《汉书·孝成班婕妤》也有"酌羽觞兮消忧"的记载，表达的则是用耳杯饮酒消愁。在古代宴饮场景中，耳杯常与樽、勺放在一起使用，应该是耳杯内的酒喝完后，用勺将樽内的酒酌入耳杯中。耳杯容积一般在 300 毫升以上，比现在的白酒杯大很多，这是因为元代以前的酒主要由谷物自然发酵而成，酒精度数多在 10° 以下。因此，《宫乐图》中的仕女饮酒并非不可。

《宫乐图》中的长案上前后放置的两个八瓣海棠花形有底座的果盘，盘中似乎放有点心。另外，青绿色的花口盘也为越窑秘色瓷，一共 18 只，散落于各个仕女面前，有的仕女面前摆一个，有的仕女面前摆两个，并无特定规律。这些器皿皆形状优美，不仅为我们生动地展现了晚唐讲究的茶酒之器，也为我们带来了茶酒的文化体验。

盛唐之后，社会风气开放，不光男人喝酒，女人也普遍饮酒，茶是与酒相提并论的国饮。对于《宫乐图》呈现的是茶酒共饮或是饮酒完毕后再品茗的情景还有待探讨，但画面中的酒器、茶具确实具有唐代器皿典型特征，可以看出当时的贵族对于茶酒文化的热衷，饮酒、品茗除了是物质生活外，更升华为精神生活，也会反映到其他文化层面。唐代的茶酒物质文化在不断发展的同时，也进一步形成了一套茶礼酒仪、茶诗酒赋等精神文化方面的现象，从而渐渐使茶酒文化形成了一种具有心理层面效应的精神文化。

美学范式

唐朝人所崇尚的美与中国历史上的其他朝代不同，大多数朝代的人们欣赏含蓄纤细的窈窕淑女，而唐代人的审美特征是"丰肥依丽"。这源于唐代社会的富足与开明，这样的社会赋予人们自信、乐观、包容、开放的眼光。审美取向是一种全方位的审美概念，体现着整个社会的文化视野。比如唐代的长安城是当时世界上最繁荣的城市，唐人都喜爱热烈富贵的牡丹花，他们所塑造的三彩马俑膘满臀圆，唐代最为盛行的颜体书法浑厚圆润。在这样的时代背景下，不难体会唐人有着与前代不同的审美特征。

［唐］三彩茶具　巩义市文物考古研究所藏

到了晚唐时期，持续的战乱打破了太平盛世的浮华景象，击垮了唐人的自信与豪迈，他们想恢复以往的荣耀富足，现实却有着巨大的差距。尽管盛唐的辉煌记忆还存在，但是已经不能被复制了，只有在绘画中我们还可以看见来自晚唐的人们对于那个鼎盛时期的留恋。

《宫乐图》中共有12个人物，都集中在一个方形的画幅之中。画幅虽小，画家却巧妙地将12个女性人物布置其中，一点也不让观者觉得拥挤。图中长案就像磁铁一样将12个身姿各异的女性人物吸引在它周围，她们一个个发髻高挽、衣着华丽、仪态雍容，或演奏乐器，或开怀畅饮。从画面的表现来看，这些宫廷贵族女子相聚在一起，以一种高雅的方式消磨着午后的时光，动静皆有，亦庄亦谐，仿佛捕捉到了乐曲演奏正浓的那一瞬间。《宫乐图》所见，更与画史对张萱、周昉二位的风格记述相近，"衣裳劲简，彩色柔丽"，可作为晚唐仕女绘画的忠实印证。

唐代仕女画一般为正面平视，而《宫乐图》有着独特的视角，画

［唐］长沙窑贴花椰枣纹瓷壶
湖南博物院藏

［唐］长沙窑贴花舞蹈人物纹瓷壶
湖南博物院藏

［唐］长沙窑阿拉伯文瓷碗
湖南博物院藏

家为了将画面中的12个女性表现完整，独出心裁地采用了侧面俯视的视角，这在唐代存世的仕女画中是绝无仅有的。《宫乐图》以方形构图，因为方形会给人一种稳定厚实、庄严大方的感觉，但是方形构图在绘画作品中并不常见，如果使用不当会与画面里的方形物品重复而造成单调，所以在构图中为减弱方形的整体感，可以在画面中使方形倾斜、变形、靠边等。《宫乐图》的画家巧妙地将方形桌子倾斜，从而使画面避免了重复的单调，也让画面故事在这么小的空间展开成为可能。

中国画在构图上追求一种形式规律美，如讲求画面的平衡与对称，对比与和谐，节奏与韵律的统一。任何一幅画都有主次、疏密之分，在《宫乐图》中桌案将画面中的人物分割成了上、中、下三个部分，也成就了《宫乐图》构图的"疏与密，虚与实，藏与露"的变化。

《宫乐图》上部分为画面中演奏乐器的5个人物，她们彼此之间的身体距离比其他人物之间更宽，在画面上承担了"疏"的部分。左上角的那位身份较低的侍女轻拍牙板，侧身而站，位置较远；坐着的4个仕女，其中二人正面面对观者，抚奏古筝和琵琶，形象较为独立，没有被遮挡，并且古筝与琵琶本身体型较大，具有视觉扩张的效果。在二人左右两侧仕女分别一侧一斜，吹奏笙与筚篥，与抚奏古筝与琵琶的仕女在构图上形成了一个梯形。其中，吹奏筚篥的仕女旁边，似乎还放着一张空月牙杌子，杌子被往后拉了半步，或许是一位暂时离去的仕女留下的。上部分利用这4个仕女形成的梯形构图让整个画面十分稳定。梯形是中国画构成的形式要素，具有视觉张力，对于观者的视觉方向及感受都产生一种引导与感染的作用。

中间部分为相对而坐的仕女六人，及侧身而站的侍女一人，为画面最"密"的区域。但画面中人物身姿各异，一点儿都不会让人觉得拥挤。我们从右到左来看，右下角的仕女背对观者，左手及身体微微倚靠桌面，仿佛在找寻最合适的姿势面向奏乐仕女，认真品味乐曲。在她旁边，右侧执碗斜视的仕女取其正面，在右侧几个人中刻画也是最饱满的。她面向画外，仿佛欲与画外之人进行交谈，让人有了许多的想象空间。在执碗仕女旁边的仕女，正手持长勺将茶水盛入茶碗里。

长案每一边的仕女遮挡掩映，有疏有密，有主有次，有虚有实，这样独特关系的处理使观者感到其中人与人的构图关系既远又近，既大又小，既繁又整。画面中线条、色彩、造型等的相互支持或相互抵消，构成了整幅图画的平衡与和谐。每位人物的脸和身体朝向都不一样，她们所带来的"意象"也是不同的，具有变化的"意象"让人感觉图画既丰富又美妙。而仕女们坐姿参差有致，繁复而不杂乱，变化而又统一，让人感受到仕女们青春生命的活力。

画面转到左边，左下角的仕女正在专注地喝茶，似乎要将茶水一饮而尽，她身后的侍女则伸出右手，等着为她添茶。左边第二位仕女右手放于"酒筹"上，眼神中已有几分醉意。左边第三位仕女则侧身而坐轻摇团扇，仿佛是在陶醉于乐曲的美妙声中。此外，长案下卧了一只小黑

《宫乐图》中的仕女（一）

《宫乐图》中的仕女（二）

狗，它安稳地睡着，仿佛案上欢乐的气氛与乐曲声并没有打扰到它，与人物的动势形成了鲜明的对比。小黑狗又为画面墨色最深之处，它的出现也拉开了案上案下空间以及色彩的变化，使画面更具层次感和分量感。

狗与仕女的组合题材绘画，也多见于唐代。西方一些学者认为，狗的忠诚和奉献的特征使狗的形象在与仕女构成组合时，既是图像美感的表达，也是社会教化的象征；既代表仕女对宠物狗的玩赏之意，也似乎暗含着社会对女性的训诫。其中深意，值得玩味。

中国传统绘画，重要的不是重复现实，而是经营气氛，画面下部是两张空的月牙杌子，是整幅画面的"留白"之处，在整幅画中承担了"空"的部分，在构图上既起到承托主体物的重要作用，又使得画面并没有闭塞之感。桌前的"留白"使得画面前半部分没有遮挡，让观者的视线顺利进入画面，空着的两个月牙杌子是在等待他人的加入，还是坐在上面的两个人物提前退席？也让观者有了更多有趣的遐想空间。

《宫乐图》中的小黑狗

"留白"的利用是中国画构图的一大特点，正如宗白华在其《美学散步》中所说：

> 中国人对"道"的体验，是"于空寂处见流行，于流行处见空寂"，唯道集虚，体用不二，这构成中国人的生命情调和艺术意境的实相。

也许，这正是"此处无声胜有声"的艺术境界。《宫乐图》通过巧妙的构图让整个画面别有情调，画家以特有的笔调再现了晚唐时期宫廷仕女慵懒的生活以及当时贵族的茶酒闲逸情调，仿佛让我们穿越千年感受唐代宫廷"合乐"欢宴的场景。

余语

我们在欣赏《宫乐图》时，很容易被那热烈雍容的仕女形象与精美的器皿所吸引。画家所描绘的仕女形象，体现了当时的人文风情和审美特征；而其中的器皿图像，则成为我们研究晚唐茶文化风貌的重要史料。《宫乐图》的珍贵价值，不仅为我们带来了一种美的享受，也为我们带来了对于茶文化的回想。

第七章

黑釉建盏的前世今生

宋代流行一种小巧精致的黑釉建盏，这与当时斗茶风尚有关。为斗茶所需，黑釉建盏不胫而走，不仅南方地区的许多瓷窑仿烧，有些北方烧白瓷的窑口也兼烧黑釉建盏。这种黑釉建盏也深深影响了日本茶道和茶具烧制，"曜变天目"更是被后世的日本人称为"天下至宝"。然而，黑釉建盏受到推崇，无论是在宋朝，还是在当今，都有着某种意外和巧合。

幽玄之美

考古出土实物证实，中国黑釉瓷器东汉时已经烧制成功，早期南方黑瓷的胎土多数烧结温度较低，北方的胎土烧结温度较高。两宋是黑釉茶具烧制的高峰，黑釉多为石灰釉，着色剂为含铁量较高的化合物，烧成温度多在1300℃以上，尤以建窑黑釉茶具为代表。

建窑又有建阳窑、乌泥窑之称，始烧于晚唐五代，盛烧于两宋，主窑址在今福建省南平市建阳区水吉镇后井村一带，总范围约11万平方米。建窑茶具的胎土多以含铁质多的红、黄壤土粉碎加工，含砂量明显，烧成后胎呈黑、灰黑、黑褐色，触手较粗，胎体厚重压手。由于茶盏内外壁施以含铁量较高的石灰釉，在还原气氛中可以形成多种花纹。

那么何谓"建盏"？简单地说，"建盏"就是建窑烧制的窑变结晶黑釉茶盏，是由建窑的"建"和茶盏的"盏"合成的茶具名称。在宋代文献里，此类建窑黑釉茶具就多被称为"盏"，也有称"碗"和"瓯"的。

建盏造型的特点是口大，腹深，足小，形如漏斗。盏壁斜下，微微有些弧度。底下多承以旋削矮浅的圈足，也有少数为平底略内凹。一般高4—7厘米、口径9—12厘米、足径3—4厘米。当然，亦有超出这个尺寸范围的。建盏的胎体厚重，但各部位厚度不等，口沿处最薄，从口沿处往下逐渐变厚，最厚处在底部，约1厘米。

建盏釉中铁的含量高达7%左右，但石灰釉的溶解上限约为5.5%，余者一概析出。正是这种析晶作用，才使得建盏拥有不同的花纹。又根据花纹的不同，可将建盏分为兔毫建盏、油滴建盏和曜变建盏等。

兔毫建盏是建窑主产品，它的主要特征是黑釉表面上分布着雨丝般条纹状的析晶斑纹，类似兔毛而得名。油滴建盏的主要特征是釉面花纹为斑点状，类似水面上漂浮的油花，它也像建阳当地鹧鸪鸟胸部羽毛的黑底白斑，于是也被称为鹧鸪斑。北宋初年陶谷《清异录》就有记载："闽中造盏，花纹类鹧鸪斑点，试茶家珍之。"

考古发掘或博物馆收藏的宋代建窑黑釉茶盏精品多为兔毫建盏，油滴建盏屈指可数，海内外市场上的流通品类型也大致如此。不仅建窑系，北方定窑系、南方吉州窑系等窑址发现的残片中，油滴纹残片数量也远

［北宋晚期］黑釉兔毫建盏　福建博物院藏

［宋］黑釉兔毫建盏　福建博物院藏

少于兔毫纹残片。传承清晰的宋代油滴建盏存世量很少，堪称"少如凤毛麟角的珍罕"，这也决定了黑釉建盏以"斑点为贵，条纹次之"，即油滴建盏贵于兔毫建盏。

油滴建盏传世品仅10余件，多数都收藏于日本，其中最有名的一件要数大阪市立东洋陶瓷美术馆藏油滴建盏，1951年被认定国宝（日本政府对文物的最高分级）。此盏高7厘米、口径12.2—12.3厘米、足径4.3厘米，器型为标准束口，圈足低矮，盏口略作收分，周正无形变。胎体选料粗粝，器壁厚实，口沿处镶嵌有金扣而更显华美，捧于手上方可感受到让心灵安定且愉悦的重量感，为传世油滴建盏的最佳作品。此件藏品曾为关白丰臣秀次收藏，后经西本愿寺、京都三进家、若狭酒井家、安宅产业的安宅英一等递藏，最后归入大阪市立东洋陶瓷美术馆。

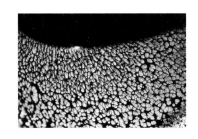

［宋］黑釉油滴茶盏　日本大阪市立东洋陶瓷美术馆藏

至于曜变建盏，它类似于油滴建盏，但色泽更为深邃幽秘。其典型特征是圆环状的斑点周围有一层干涉膜，在强光照射下会呈现蓝、黄、紫等不同色彩，并随观赏角度而变。"曜变"一词不见于中国古代文献，应来源于日语，最早见于日本贞治二年（1363）的《佛日庵公物目录》中，中国著名陶瓷专家陈显求的《扶桑鉴宝记》中对曜变的定义——"曜乃日、月、星辰之光，变乃色彩变异之意"。

曜变建盏存世量更为稀少，仅有的3只完整器都在日本，分别珍藏于东京静嘉堂文库美术馆、大阪藤田美术馆和京都大德寺龙光院。

藏于东京静嘉堂文库美术馆的曜变建盏最为出众，被吹捧为"天下第一名盏"，1951年被认定为日本国宝。此盏高6.8厘米、口径12厘米、足径3.8厘米，为传统的束口器型，釉色绀黑浓郁，深腹，浅挖足，施釉不及底，口缘处釉药渐薄、略带芒口。据1660年的日本文献《玩货名物记》载，这只曜变建盏最早的拥有者为美浓稻叶家，此后为德川将军家所有，成为"柳营御物"，再后又回到稻叶家。到了大正七年（1918），入小野哲郎之手。昭和九年（1924），小野哲郎将这件曜变建盏送入拍卖行，最终以16.7万日元的价格卖给了三菱社长岩崎家，成交价格相当于当时的125.25公斤黄金，也相当于当时1500套别墅价格之总和。1940年，岩崎家成立静嘉堂文库美术馆，此盏即成为静嘉堂文库美术馆的头号藏品。

藏于大阪藤田美术馆藏的曜变建盏，1953年被认定为日本国宝。此盏高6.8厘米、口径12.3厘米、足径3.8厘米，器型上为经典的束口，口沿扣银，腹壁弧斜，修胚流畅，口大足小，外釉不及底足，见聚流釉现象，证明烧制时火候较高。胎骨色呈深沉之黑色，从胎表看胎质较粗，淘洗、陈腐时间较长。转动此盏，内壁曜斑和银丝在光线的切换下，像极了一场夜空中的流星雨，外壁釉面上布满若隐若现的斑点，宛如夜空星辰，十分细腻优雅。这件曜变建盏最早可以追溯到江户时代（1603—1868），由水户德川家家传，在大正七年流出，被藤田集团的藤田传三郎以5.38万日元买下，相当于当时的40公斤黄金。

京都大德寺龙光院藏曜变建盏，1951年被认定为日本国宝。此盏高6.6厘米、口径12.1厘米、足径3.8厘米，束口，深腹，足无釉，可以看到露胎部分为深褐色。盏内壁乍看似油滴小斑纹，但仔细观察就会发现釉斑会随着光线的改变而呈现五颜六色，带有曜变独特的黑斑点套紫蓝色光环，被认为具有"幽玄之美"。此盏原本为日本富商津田宗及所藏，后归龙光院的创建者江月宗玩所有，1606年开始为镇院之宝。但因为这件曜变建盏是佛器，极少面世，仅在1990年、2000年和2019年展出过3次。

除了上述3件完整器，中国浙江杭州的古越会馆还藏有一件残器。此盏于2009年上半年在杭州市上城区的遗址出土，高6.8厘米、口径12.5厘米、足径4.2厘米，约有四分之一的部分缺失，但圈足几乎都保存下来，故能还原器型。残器内壁的曜变斑纹展现梦幻般的光彩，与日本传世的三大国宝曜变建盏类似。

据记载，宋徽宗赵佶曾把黑釉建盏作为御前隆重赐茶的茶盏，"以惠山泉，建溪异毫盏，烹新贡太平嘉瑞茶，赐蔡京饮之"。这里记载的无锡惠山泉、建窑异毫盏和太平嘉瑞茶（建瓯北苑贡茶）便是名震古今的"天下三宝"。不过令人疑惑的是，在传为赵佶所绘的《文会图》中，虽然仔细描绘了百余件器具，而有"幽玄之美"的黑釉建盏，在此图中却很难见到踪迹。同样，在南宋刘松年的《斗茶图》中亦难寻找到黑釉建盏。

黑釉建盏浓缩了一整个时代的

［宋］黑釉曜变建盏（稻叶天目）
日本东京静嘉堂文库美术馆藏

［宋］黑釉曜变建盏
日本大阪藤田美术馆藏

［北宋］赵佶《文会图》局部　台北故宫博物院藏

精华，它不只是瓷器中的精品，还足以代表一段中国历史上最璀璨精致的茶文化。手执茶筅在黑釉建盏中反复击拂，这看似无心却规矩、看似繁复却从容淡雅的动作，就是大宋风雅的写照。

因斗茶而兴

素白莹润的定窑白瓷，引领了宋朝第一波美学风尚，随之而来的是晴蓝的汝瓷、清亮的龙泉瓷等。然而，因为宋人有点茶、斗茶的爱好，所以真正被需要且一直被实际使用的，则是黑釉建盏。

茶具的造型设计离不开特定时期的文化需求，宋代建盏的兴起正与当时的社会文化有着密不可分的关系。宋朝的理学体系及禅宗思想使得宋人在审美上偏好朴素自然，建盏造型朴拙、色泽沉静、意境深邃，正与宋朝的审美观相符。

在茶文化方面，宋代的饮茶方式由"煎饮"到"点饮"转变，斗茶习俗从闽北民间兴起，并向全国传播。斗茶又称"茗战""点试"，即以战斗的姿态决出胜负。斗茶不仅仅是决出茶的品质优劣，实质上也是一种追求精神愉悦的艺术化茶事活动，它蕴藏、反映着我国茶文化中最积极与最有生命力的一面，即饮茶并不是避世消闲，而是为了和乐与奋进。在斗茶艺术不断向更高境界推进的过程中，茶具的品质也须不断提高，才能适应需求。

宋人斗茶主要有三个评判标准：一看茶面汤花的色泽与均匀程度。汤花面要求色泽鲜白，俗称"冷粥面"，即像白米粥冷却后凝结成面的形状；汤花必须均匀，又称"粥面粟纹"，要像粟米粒那样在粥面分布。二看茶盏内沿与汤花相接处有无水痕。汤花保持时间较长，紧贴盏沿凝聚不散的称为"咬盏"；汤花如若散退较快，盏沿会有水的痕迹，叫"云脚涣乱"，斗茶时若先现出水痕，即为失败者。三品茶汤，经过观色、闻香、品味三道程序，色、香、味俱佳者，方能大获全胜。宋人斗茶，对茶色的要求相当之高，以纯白色为上等，青白、灰白、黄白就等而下之了。

作为量身定做的功能之器，黑釉建盏与浅色茶汤、茶沫互相衬托，又因壁厚具有保温之效。而建盏上大下小的"V"字形设计，内壁内敛成弧形，使冲茶时茶汤不至于溢出茶盏，也使得回旋之茶汤更容易冲出汤花以辨茶色，为风靡于宋代的斗茶提供了最为理想的结构空间。集美观与实用于一体，完美适应斗茶活动所需，故而能够迅速在各种茶具中脱颖而出，成为宋代最具代表性的茶具之一，甚至连北方的定窑也曾受其影响烧制过一系列黑釉茶具。

尽管建盏盏心这一面做得很考究，但其外壁于腹部以下却往往做得

［宋］定窑黑釉茶盏　台北故宫博物院藏

不甚经意，比如釉不到底、圈足露胎，或者盏底之釉堆叠流淌等。出现
这种现象的原因是当时的茶盏都要和托子配套之故，盏腹嵌入托子的托
圈之内，则上述缺点均隐没不见。不过托子以漆制者为主，不易保存至
今，所以现在看到的许多宋代黑釉建盏，已与其原相配套的托子分离了。

　　北宋中期，在福建督造贡茶的蔡襄将数十年来的斗茶习俗进行总结
推广，撰写了一部茶文化史上具有划时代意义的著作《茶录》，其中"茶
盏"条云："茶色白，宜黑盏。建安所造者，绀黑，纹如兔毫，其坯微
厚，熁之久热难冷，最为要用。出他处者，或薄，或色紫，皆不及也。
其青白盏，斗试家自不用。"基于斗茶的需要，熁盏可以让茶不容易冷，
建盏的胎泥恰恰在烧制过程中产生气泡，加上铁的成分较多，为熁盏提
供了很好的材质支撑。

《茶录》的问世，对斗茶之风在朝野传播起到了推波助澜的作用，建盏中的精品成了权贵、士大夫不惜重金追寻的宝物，诗坛巨匠、文士抒发情怀不断讴歌的宠儿。建窑由此进入鼎盛时期，烧造规模不断扩大，光龙窑就多达10余条，并很有可能生产底足内刻印"供御""进琖"款的建盏进贡朝廷。

蔡绦在《铁围山丛谈》中记其伯父蔡襄："尝得水精枕，中有桃花一枝，宛如新折，茶瓯十，兔毫四，散其中，凝然作双蛱蝶状，熟视若舞动，每宝惜之。"不难看出，早在北宋时黑釉建盏就名满天下，已价格不菲，烧制精美者恐怕只是少数达贵显贵、士大夫才能享用，即便地位如蔡襄者，所得"茶瓯十，兔毫四"，亦"每宝惜之"。

到了北宋晚期，精通茶艺的宋徽宗赵佶亲自撰写《大观茶论》，将斗茶推向顶峰。书中也详细描述了建盏的功用，说："盏色贵青黑，玉毫条达者上。取其燠发茶采色也。底必差深而微宽，底深则茶直立，而易以取乳；宽则运筅旋彻，不碍击拂。然须度茶之多少，用盏之大小。盏高茶少，则掩茶色；茶多盏小，则受汤不尽。盏惟热，则茶发立耐久。"宋

［宋］"供御"款黑釉白斑建盏残器
福建博物院藏

［宋］"供御"款黑釉建盏
南平市建阳区博物馆藏

徽宗列出了选盏标准，以及盏的大小、深浅影响品茶的细节，所言"玉毫条达者"即兔毫建盏。

终究，建盏的辉煌却只在大宋一朝。靖康之难后，淮河以北被金人占据，社会经济遭到严重破坏，狂热的斗茶风潮逐渐黯然。至元初，风靡一时的建盏便退出了历史舞台，建窑这座绝代名窑便湮没在景色秀丽的闽北丘陵中。元代末期散茶品饮之风兴起，到明代洪武二十四年（1391）又成为官方主导，散茶登场改变了唐代以来承续的饼茶制茶传统，也改变了饮茶习俗，大量传统茶具退出了历史舞台。

由于散茶茶汤尚绿，明代首推白釉彩瓷，尤重成化、宣德朝瓷器。屠隆《考槃余事》就提及："宣庙时有茶盏，料精式雅，质厚难冷，莹白如玉，可试茶色，最为要用。蔡君谟取建盏，其色绀黑，似不宜用。"至宜兴紫砂崛起，对茶具的烧制冲击更大，成为明清两代的茶具首选。而明清时期对黑釉建盏的需求多停留在收藏层面，或者是对宋代点茶、斗茶的复古层面，这种情况一直持续到近代。

今之困惑

黑釉建盏的持续升温，很大程度上要归功于日本人。日本受中国文化的影响十分深远，他们学习唐宋茶事并延续下来，对唐宋青瓷、黑瓷、白瓷茶具都极为重视。大约11世纪，宋代的饮茶风俗已传到日本，黑釉建盏也随之传入，并在其国内流行。

在日本，黑釉建盏多被称为"天目"，如"曜变天目"等，这是因为宋时日本僧人到浙江临安天目山学习佛法，遂以"天目"称吃茶所用的茶盏。后来，这类茶盏随日本僧人流入日本，被广泛称为"天目盏"。此种说法在日本、中国港台地区很是流行。经考证，"天目"一词约在1335年首次出现于日本文献中，直到16世纪中期，"天目"才与黑釉建盏产生关系。事实上，"天目"在古代日本泛称各类由中国带入的茶碗，非专指黑釉建盏。

　　尽管有中国的黑釉建盏不断传入，但还是远远不能满足日本社会的需求，于是他们开始仿烧黑釉建盏，最有名的要数濑户窑烧制的"濑户天目"。"濑户天目"虽器型规整、制作精细，胎土却为白色，烧成温度也较低，敲之声音较沉闷，难与中国黑釉建盏媲美。故黑釉建盏在日本受欢迎程度一直不减。晚清以来，中国频遭变乱，大量文物艺术品从各种正当、非正当渠道流入发达国家，茶具精品多流入日本。尤其是宋代的制品，几乎件件都被视为"国宝级文物"或"重要文化财"。

　　优良而稀少的黑釉建盏一直是日本上层阶级珍藏的宝物，尤其在15世纪达到高潮。成书于16世纪前期日本室町幕府时代的中国美术史著作《君台观左右帐记》将建盏分为若干等级："曜变，建盏之无上神品，乃世上罕见之物，其地黑，有小而薄之星斑，围绕之玉白色晕，美如织锦，万匹之物也。油滴是仅次于曜变的第二重宝，值五千匹绢。兔毫盏，值三千匹绢。"

［宋］黑釉油滴建盏
日本九州国立博物馆藏

［宋］黑釉油滴建盏
日本松平直国藏

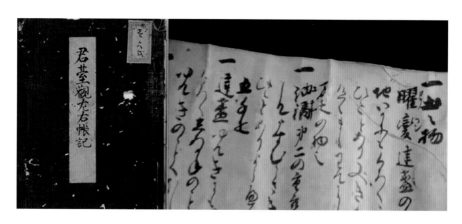

《君台观左右帐记》书影

时至今日，精品建盏也大都被日本收藏。日本官方认定的国宝级文物中，工艺品共252件，其中瓷器只有14件，有8件是中国瓷器，而8件中有4件是宋代建盏，含3件曜变盏，1件油滴盏。从数量上看，光是建盏就占了日本国宝瓷器的28.5%。

当然，在山重水远的欧洲和美国，黑釉建盏亦不乏拥趸。1935年，美国密歇根大学教授詹姆士·马歇尔·普拉玛（James M. Plumer，1899—1960）因缘际会受到黑釉建盏吸引，多方打听寻访后，来到水吉镇（今福建南平）找到宋代建窑遗址，后在《伦敦新闻画报》上发布了建窑考察报告，引起了西方世界轰动——这一神秘玄妙的黑色瓷器，终于找到了出处。当时有远见的欧美古董商纷纷开始寻觅并收藏外流的黑釉建盏，查尔斯·朗·弗利尔（Charles Lang Freer，1854—1919）就是其中的代表。

查尔斯·朗·弗利尔是美国19世纪末、20世纪初最重要的中国艺术鉴藏家，被美国历史学家称为东亚艺术收藏黄金时代的先锋。弗利尔曾亲自到中国、日本等地考察，并记录下宝贵的资料。早在普拉玛发表建窑考古成果之前，弗利尔就接触了黑釉建盏，手握着日本宋盏的稀有渠道。弗利尔去世前，将收藏的9500件藏品（含3400件中国艺术品）全部捐出，成立弗利尔美术馆，该美术馆还曾获得美国总统罗斯福的支持与推动。弗利尔当年收藏的宋代黑釉建盏现在全数收藏于弗利尔美术馆，如一只直径19厘米的大撇口油滴盏，就是他1909年从日本陆军大将、第33任日本内阁总理大臣林铣十郎手上收购的。

此外，美国大都会艺术博物馆、旧金山亚洲艺术博物馆、哈佛大学艺术博物馆、费城艺术博物馆，以及英国大维德基金会、法国吉美博物馆、瑞典东方博物馆等，都收藏有数量可观、品质上乘的黑釉建盏。需要指出的是，欧美收藏家或收藏机构尽管喜爱黑釉建盏，但远不至于像日本人那样将之看作"天下至宝"，他们更多的是把它视为少见的东方历史文物。

2000年以后，随着艺术品市场的兴盛，黑釉建盏在国内外的拍卖中价格一路走高，著录清晰的黑釉建盏精品动辄在百万元人民币以上。不过，这些市场上流通的建盏不少配有日本木盒、锦袋，多数还被宣传附加上日式审美口味。

2016年9月，黑釉建盏又创造了一个新的价格神话，日本资深藏家临宇山人（富田雅孝）持有的一只南宋建窑油滴盏在纽约佳士得秋拍中以1170.1万美元成交，刷新了黑釉建盏的拍卖纪录。此盏口径12.2厘米，束口造型雅致，浅圈足，修刀精细，油滴斑纹圆润清晰，分布虽不够对称，依然是传世油滴盏中的上品。此盏贵在传承有序，先后被黑田家、安宅英一所收藏。1935年，此盏被日本文化厅定为重要美术品，直到2015年解禁，2016年上拍，并创下建盏拍卖纪录。

20世纪中国唐宋以来陶瓷茶具的价格，在相当一段时间内是日本人主导的。而据文博界的老先生回忆，直到上世纪50年代，一件宋代兔毫建盏在北京琉璃厂的售价也就10元人民币。

日本的这股对黑釉建盏的崇尚风潮很快传至国内，开始引起很多研究机构的重视。比如北京故宫博物院和福建省博物院的研究人员从建窑遗址采集数量众多的建窑瓷片标本，在建盏的研究、整理方面颇有建树。但这也只是当代中国人对于黑釉建盏的重视，明清皇家和文人收藏对它

［南宋］黑釉油滴建盏　2016年纽约佳士得秋拍

可能并不热衷，即使好古的乾隆皇帝，也很难找到他对黑釉建盏的御题诗作。如今的北京故宫和中国台北故宫虽然藏有宋代黑釉建盏珍品，并以兔毫建盏居多，但都没有被日本称为"天下至宝"的曜变建盏。

　　与此同时，国内很多地方的窑场开始仿烧宋代黑釉建盏。作为黑釉建盏原产地的福建建阳，当地更是倾心于恢复黑釉建盏的烧制技艺。2015年建阳在国家工商行政管理总局商标局注册了"建阳建盏"商标，用于证明建阳建盏的原产地域和特定品质。可事实上，根据明清时期的文献记载，以及当代的考古发掘材料证明，"建窑"是"北宋中后期及明代早期活跃在闽北建州及相邻地区的、以黑釉茶盏为主要产品的陶瓷手工业窑场"，存在北宋中晚期的建安窑、南宋中后期的水吉窑和元代的茶洋窑这三个延续发展的中心窑场，周围窑场更是遍布福建全境。

余语

黑釉建盏在北宋时期便受到推崇，但在很大程度上只是因为斗茶所需，它的受欢迎程度应该很难与"五大名窑"相媲美。宋徽宗赵佶虽然对黑釉建盏有过赞美，但在传为其作品的《文会图》中很难找寻到建盏的踪迹。明清时期的皇家和私人收藏，也并未对其特别重视。黑釉建盏虽然精美，但也不至于那么宝贵。盲目地迷恋过去，或者热衷于追随日本的审美口味，都是不可取的。每个时代有每个时代的饮茶方式，也必然有着与之相配的饮茶之具，这才是中国茶文化的魅力所在——常变常新。

第八章 《撵茶图》中的宋代茶文化

《撵茶图》，绢本设色，纵44.2厘米、横66.9厘米，现藏台北故宫博物院，相传为南宋画家刘松年所作。此图是刘松年与茶事有关的画作中最具代表性的一幅，画面描绘的是宋代文人雅士小型聚会——品茗、观书的生活场景。

名称之问

明代朱谋垔《画史会要》中，有关于刘松年生平较为全面的记载：

> 刘松年，钱塘人，淳熙（孝宗朝年号，1174—1189年）画院学生，绍熙（光宗朝年号，1190—1194年）年待诏。山水、人物师张敦礼而神气过之。宁宗朝（1195—1224年）进《耕织图》，称旨赐金带。

画史上将其与李唐、马远、夏圭并称为"南宋四家"。作为一名职业宫廷画师，兼具较高的专业技法和文化修养，其所画《耕织图》获得了"赐金带"的荣誉。

刘松年的画作题材不拘，涉及诸多方面。如以表现幽居于山湖楼阁中的大夫闲逸生活的《听琴图》《山馆读书图》《秋窗读书图》《四景山水图》卷等，是其"小景山水"的代表作。而于当时流行的宗教画，亦有《罗汉图》轴、《天女散花图》等传世。特别是关于茶事题材的绘画，其作品富有人文内涵和时代特色，具有极高的文化价值，对后世影响深远。

［南宋］刘松年《山馆读书图》 故宫博物院藏

［南宋］刘松年《秋窗读书图》 故宫博物院藏

［南宋］刘松年《天女献花图》 台北故宫博物院藏

［南宋］刘松年《四景山水图》卷第一景 故宫博物院藏

［南宋］刘松年《罗汉图》轴　台北故宫博物院藏

自20世纪80年代中国茶文化复兴以来，刘松年的《撵茶图》受到众多研究者的重视，其"名称之问"也引起诸多讨论。台北故宫博物院学者李霖灿、梁丽祝发表的《刘松年的撵茶图和醉僧图》《撵茶图人物续论——钱起、怀素和戴叔伦》二文，认为"《撵茶图》的内容在于翰墨而不在于茶事，因而其命名从根本上是错了，应该更名为《高僧染翰图》或者《高僧挥毫图》"，并且推断挥毫之高僧为怀素和尚，另二人则分别为钱起和戴叔伦。首都师范大学王元军在其《也论〈撵茶图〉中的人物及其他》一文中，除了不赞同李霖灿、梁丽祝二人所论图中人物确切为怀素、钱起和戴叔伦外，最终还是肯定了应将此图改名之论，认为"将《撵茶图》更名为《高僧挥翰图》就已经足够了"。

从《撵茶图》的画面来看，左边的茶事部分与右边的文人聚会部分相比，占据了同样的比重。画面右侧长桌边一位僧人正在兴笔挥毫，他的正、右面各坐一位文士，其中右面那位文士虽然双手展卷却并不看卷，而是与正面那位文士一起凝神观看僧人作书。画面左边两位仆人正专心忙于茶事，所用器具与茶事流程属于典型的"点茶法"与"点茶器具"。

［南宋］刘松年《撵茶图》局部　台北故宫博物院藏

左边前部一仆人跨坐在长条凳上,右手持石磨的转柄正在碾磨茶叶,磨好的茶末正倾泻而下,石磨旁散放着一只茶匙与一尾棕帚,待随时取用。左边后部一仆人站立在一张方桌边,左手持一茶盏,右手执汤瓶正往茶盏中注汤。

方桌上放置着多种茶具:一叠盏托,平堆着一摞茶盏,两只末茶贮茶盒,一只盖罐,一只盛水水盆,水盆里还搁有一支水杓、一只竹茶筅,以及一叠其他点茶用具。方桌前侧下部的横枨上挂着一方茶巾,桌前地上的小方几上座着一只正在烧水的风炉,炉上架着一只水铫,弧形盖、短流、有提梁。此外,方桌的右后侧方安放着一口大型贮水瓮,底部配镂空雕花器座,瓮上盖着一只卷边荷叶形器盖。

《撵茶图》的左边茶事部分比较全面地还原了宋代"点茶"从碾茶、煮水到注汤点茶的过程,所用的大部分茶具亦是宋代"点茶法"清晰的图像展示。而这样一幅文人聚会与茶事并重的图画,大胆地以"撵茶"为题,表明作者敏锐地把握了茶与宋代文人生活中的共通性——"雅"。以"茶集"指称"雅集",以"备茶"指称"文会",这是唐五代以来茶宴、茶集之风的延续,如若改名为《高僧挥翰图》则大可不必。

传为宋徽宗赵佶所绘的《文会图》画面前景,即有数位侍者在备茶的场景;传为赵佶的另一幅作品《十八学士图》卷上也有一段与《文会图》完全相同的备茶场景;而现藏北京故宫博物院的一幅宋代佚名《春宴图》卷似为摹绘赵佶《文会图》之局部,其中备茶场景亦同。此外,马远的《西园雅集图》卷中有侍者备茶场景,刘松年的《十八学士图》卷亦有备茶场景……

可见,以备茶场景以示雅集之饮茶,是宋代文人聚会图画中的重要组成部分。然而,这类图画大多题为"文会""雅集"之名,《撵茶图》则是"以画面左部最前景的磨茶场景为题,以茶标题文会,犹以左右代称尊者,意蕴幽幽,当非一个'茶'字可以了得"。

北京故宫博物院另藏有一幅题为"南宋刘松年《挥翰图》"的金人摹

［北宋］赵佶《文会图》局部　台北故宫博物院藏

［北宋］赵佶《十八学士图》卷局部　台北故宫博物院藏

绘本，画面绘松石之前，一位文士伏长案运笔作书，两文士案前伫立观赏，案侧与观者身后各有一童子捧物而侍。因此图画面不再有其他内容，称其为《挥翰图》较为妥当。而台北故宫博物院藏刘松年所绘的《醉僧图》中，一僧袒露左肩坐于苍松下怪石上，握笔在一童子所执卷页上挥洒书写，应当说这更符合怀素醉书狂草的历史记载，然其也只名为《醉僧图》，而不言"挥毫""染翰"。

再以书者可能为怀素和尚立论，旁观两人已经如王元军考证，不可能为钱起与戴叔伦，而沈冬梅《〈撵茶图〉与宋代文人茶集》一文认为"不妨可以设想为是颜真卿与陆羽"。因为怀素于颜真卿有学习书法的渊源，又曾于颜氏湖州幕府羁留；而被人尊为茶神、茶圣的陆羽，则曾在颜真卿到湖州任刺史之后，即参加了其主持的《韵海镜源》编撰工作，诗文酒茶相从，交游甚多。颜氏曾为陆羽写有《谢陆处士杼山折青桂花见寄之什》等诗，在《题杼山癸亭得暮字》诗中，称陆羽为"高贤"，足见敬重之意。

况且，怀素和尚喜酒亦喜茶，传世有《苦笋帖》，曰：

苦笋与茶异常佳，乃可径来。怀素上。

［唐］怀素《苦笋帖》 上海博物馆藏

怀素和尚当在湖州与陆羽相识，陆羽为其撰写了《僧怀素传》，成为后世研究怀素的主要文献。王元军认为陆羽与怀素相识于德宗贞元三年（787），即裴胄任湖南观察使，陆羽应辟前往湖南之时，时序上应该有颠倒。怀素和尚在大历十二年（777）所写《自叙帖》中称"真卿早岁常接游居"，而陆羽在《僧怀素传》称"至晚岁，颜太师真卿以怀素为同学邬兵曹弟子……"有呼应之意。

综上，怀素、颜真卿与陆羽三人曾同在湖州，皆有诗文酒茶之从游，有历史真实的相聚为基础。所以，刘松年《撵茶图》所绘为此三人，是完全有可能的。

茶事绘画

宋代的饮茶之风盛行，不论是从身为统治者的宋徽宗赵佶所著的《大观茶论》中，还是从范仲淹的《和章岷从事斗茶歌》中，抑或从张择端《清明上河图》所描绘的门庭若市的宋代茶肆中，都可窥一斑。

而饮茶风气的盛行，势必推动了茶事绘画的发展。上至宋徽宗赵佶描绘文士雅集品茗的《文会图》，画面中洁净的茶具和清雅的环境是宋代饮茶已上升国饮的真实写照，体现了富有人文精神的茶艺意境；下至审安老人的《茶具图赞》，用白描画法描绘了宋代点茶之用的12件茶具图形，为我们研究当时的饮茶器具提供了宝贵翔实的资料，具有极高的史料价值。

但相较而言，刘松年的茶事绘画无疑是宋代此类绘画中最为优秀的。传世的刘松年茶事绘画作品有多幅，除了上文提及的《撵茶图》，还有《卢仝烹茶图》《斗茶图》《茗园赌市图》等。根据描绘对象的不同，刘松年的茶事绘画大致可分为两类：一是描绘文人雅士煮茶品茗的作品，如《撵茶图》《卢仝烹茶图》等；一是描绘市井百姓民间斗茶的作品，如《斗茶图》《茗园赌市图》等。画家通过不同主题的茶事绘画，表现当时不同阶层人们的茶事活动。在画家笔下的这些茶事活动中，不论是文人雅士煮茶品茗，还是市井百姓民间斗茶，都充满了宋时饮茶的生活气息，表现出了画家高超的绘画技艺。

以画证史，古已有之，刘松年的茶事绘画真实地再现了宋代茶事的兴盛。刘松年身为宫廷画院画家，除了描绘文人雅士的精致生活，也能够关注市井小民生活，并且还以民间斗茶为题材绘制茶画作品，也是宋时风俗画创作繁荣的表现。

《撵茶图》细致精确地描绘了宋代文人雅士小型聚会——品茗、观书的生动场景，向后世展示了宋代"点茶"的器具与流程；《卢仝烹茶图》

［南宋］刘松年《茗园赌市图》　台北故宫博物院藏

中身着素衣的隐逸高人正在坐等茶来，表现卢仝"两腋清风几欲仙"的清贫淡泊和高古意趣；《斗茶图》《茗园赌市图》均描绘了宋时市井之中茶贩们斗茶竞卖的场景，展现了宋人的饮茶风俗和斗茶风姿。

然而，不论是描绘文人雅士，还是描绘市井小民，都体现了刘松年作为画院的专职画师高超的绘画技艺和独特的艺术语言。正如美术史论家郑午昌在《中国画学全史》一书所提出的：

> 宋人善画，要以一"理"字为主。是殆受理学之暗示。惟其讲理，故尚真；惟其尚真，故重活；而气韵生动，机趣活泼之说，遂视为图画之玉律。卒以形成宋代讲神趣而仍不失物理之画风。

刘松年的茶事绘画作品中的人物形象造型准确，勾勒简洁，每一根线条都经过画家的提炼、加工，不论是衣纹的结构走向，还是人物惟妙惟肖的面部表情，都体现出画家高度概括的理性用笔。笔用力，墨加水，其线有韵，线图式的气韵生动是中国画审美的最高体现。刘松年用其简洁有力的理性线条，对宋人茶事活动做了传神性的主观表达。

另外，刘松年的茶事绘画表现出鲜明的时代特色，是宋代茶文化盛行的真实写照。刘松年作为南院画家，其画带有院体画的写实观念，写实造型永远是中国绘画的基础。在画家的茶事绘画作品中，且不说人物，单就那些刻画入微的风炉、汤瓶、茶盏、茶担等器具，都体现出作为专业画家的谨严认真、一丝不苟。更难能可贵的是，作为一位宫廷画家，刘松年能够将描绘对象从朝堂之上转向民间，表现了他对底层劳动人民的关怀。

通过刘松年的茶事绘画作品，后人可以感受到画家用极其精致写实的描绘手段来表现意境高远的目

［南宋］刘松年《斗茶图》局部
台北故宫博物院藏

的。画家这些以茶事为题材的绘画在构图上基本都采用了满构图的方式，首先是景和人的自然结合，在描写先贤高士《卢仝烹茶图》或是民间斗茶的《斗茶图》中，画家都十分注重对画面背景的描绘，如瘦如刀削的山石，相互交错的古松、老槐等，通过自然景物来营造氛围，以景托人，以人传情；其次在画面人物较多的情况下，像《撵茶图》《茗园赌市图》中的人物位置安排均接近"S"形，使得画面构图均衡，井然有序，动静结合。

确实，刘松年的茶事绘画在向我们传递茶文化的同时，也表现出了画家高超的绘画技艺。线条简洁概括，着色均匀明净，构图合理均衡，人物配景恰如其分，人物的精神面貌和画面主题在情景交融的气氛中得以烘托呈现。画家一丝不苟、精确细微地描绘了宋时的茶事活动，不论是文人雅士集会品茗的儒雅和精致，还是平民百姓斗茶的和乐氛围，都传达出了中国茶的"和谐"精神，体现了茶作为国饮的内质所在。

再回到本文所述的《撵茶图》，图中的茶具种类丰富、造型各异，刘松年完美地将茶具的使用与绘画联系在一起。从画中的茶具可以看出宋

［清］姚文瀚《卖浆图》　台北故宫博物院藏

［清］佚名《柳荫品茶图》 美国弗利尔美术馆藏

人对茶具的选用爱好和当时的审美情趣，茶具的描绘巧妙地从侧面反映出了宋人的精神面貌和价值取向。创作是艺术家真实情感的再现，如果没有真实的生活体验，也无法完成内心情感的抒发。可以说，《撵茶图》正是宋人真实的点茶场景的再现，图中所描绘的点茶步骤和体现的点茶文化，保存了宋人饮茶的珍贵记忆，也为后世茶事绘画的发展奠定了坚实的基础。

所撵何茶

2022年11月29日，我国申报的"中国传统制茶技艺及其相关习俗"成功通过评审，被列入联合国教科文组织人类非物质文化遗产代表作名录。至此，我国共有43个项目列入联合国教科文组织人类非物质文化遗产名录、名册，居世界第一。

"中国传统制茶技艺及其相关习俗"是有关茶园管理、茶叶采摘、茶的手工制作，以及茶的饮用和分享的知识、技艺和实践。自古以来，中国人就开始种茶、采茶、制茶和饮茶。制茶师运用杀青、闷黄、渥堆、萎凋、做青、发酵、窨制等核心技艺，发展出绿茶、黄茶、黑茶、白茶、乌龙茶、红茶六大茶类及花茶等再加工茶，2000多种茶品，以不同的色、香、味、形满足着民众的多种需求。

传统制茶技艺主要集中于秦岭淮河以南、青藏高原以东的江南、江北、西南和华南四大茶区。通过丝绸之路、茶马古道、万里茶道等，茶穿越历史、跨越国界。

饮茶和品茶贯穿于中国人的日常生活。人们采取泡、煮等方式，在家庭、工作场所、茶馆、餐厅、寺院等场所饮用茶与分享茶。在交友、婚礼、拜师、祭祀等活动中，饮茶都是重要的沟通媒介。

该项目世代传承，形成了系统完整的知识体系、广泛深入的社会实践、成熟发达的传统技艺、种类丰富的手工制品，体现了中国人所秉持的谦、和、礼、敬的价值观，对道德修养和人格塑造产生了深远影响，并通过丝绸之路促进了世界文明交流互鉴，在人类社会可持续发展中发挥着重要作用。

作为茶文化的缔造国，中国的茶史就是技术改进、品种改良的历史，保证了技艺的传承、饮茶习俗的延续和发展；在发展过程中，中国创造了体系完整、种类繁多、风格独特的茶叶文明，并深深扎根在中国人的生活中。而今日中国茶的蓬勃发展，离不开宋人对茶文化作出的巨大贡献。

宋代的饮茶之风盛行，丁谓所撰的《北苑茶录》中记载宋太祖赵匡胤喜爱饮茶，就曾钦定贡茶品种、款识。宋徽宗赵佶则经常在宫中举行茶宴，多次为臣下点茶。传为赵佶所作的《文会图》则描绘了一场文

［宋］佚名（周文矩款）《饮茶图》 美国弗利尔美术馆藏

人们品茗、畅谈的茶会，充分体现了他们的精致和儒雅。而赵佶所著的《大观茶论》是我们研究茶文化的宝贵资料，同时其中的茶之精神也进一步传承和促进了宋代茶文化的发展。

再到"宋四家"中，苏轼有诗语"从来佳茗似佳人"，蔡襄以小楷书就的茶学著作《茶录》，以及黄庭坚的《茶宴》和米芾《茗溪诗帖》，都体现了茶香墨韵。与此同时，宋代兴起的斗茶也使得饮茶之风由朝堂之上向市井间延伸传播。

　　斗茶味兮轻醍醐，斗茶香兮薄兰芷。

范仲淹这首脍炙人口的《和章岷从事斗茶歌》体现了宋代盛行的斗茶之风，斗茶在推动制茶技艺的发展的同时，也使茶文化深入民间。

　　客至则设茶，欲去则设汤，不知起于何时。然上自官府，下至闾里，莫之或废。

这是《南窗纪谈》中描绘的宋时以茶待客的习俗，茶文化已经融入人们日常交往之中，客来敬茶这个习俗更是传承至今。而在张择端的《清明上河图》中描绘的门庭若市的宋代茶肆，也体现了茶文化的普及和流行。茶文化和茶肆二者之间相互作用，不论是平民在茶馆中喝茶、歇脚、谈天，还是文人在茶馆中品茗、谈文、论画，都创造了丰富的茶馆文化。总之，茶成为与宋人生活息息相关之物。

宋代的茶叶大致分为两大类：一类是团饼茶，因蒸压成一片片的，故又称"片茶"，还因表面涂有一层蜡而又叫"腊茶"和"腊面茶"；另一类是散茶，是未经蒸压的，采摘芽叶后经干燥而成，又称"草茶"。欧阳修说："腊茶出于剑建，草茶盛于两浙。"宋代流行"片茶"，点茶用的也是"片茶"。那么，"草茶"是怎样品饮的呢？而刘松年的《撵茶图》就为我们描绘了"草茶"冲点的生动场景。

当然，"草茶"也是碾磨成末再冲点饮用的。南宋审安老人的《茶具图赞》中就出现了三件碾茶用具：木待制、金法曹、石转运。木待制和金法曹是用来碾"片茶"的，石转运是用来磨"草茶"的。石转运即石质的茶磨，而《撵茶图》左下正在撵茶之人，使用正是此物。

梅尧臣有《茶磨二首》，其二云：

> 盆是荷花磨是莲，谁砻麻石洞中天。
>
> 欲将雀舌成云末，三尺蛮童一臂旋。

"欲将雀舌成云末"说的就是芽如雀舌的"草茶"，经蛮童这"一臂旋"，即成玉白色的"云末"。

苏东坡在宋熙宁六年（1073）杭州通判任上时，重九那天到孤山报恩院与惠勤禅师品茗谈禅，有《九日寻臻阇梨遂泛小舟至勤师院二首》记其事，其一有云：

　　　　试碾露芽烹白雪，休拈霜蕊嚼黄金。

　　这"试碾露芽烹白雪"，碾磨的就是芽叶翠滴的"草茶"。宋代杭州的上品贡茶白云茶、香林茶、宝云茶、垂云茶以及周边余杭的径山茶，已经不再如唐代那样制成团饼了，早就制成芽叶完整的"草茶"，只是在品饮时仍要碾磨成末茶。

　　苏东坡对用石磨来碾磨末茶非常赞赏，认为这是一大创举，他有《次韵黄夷仲茶磨》诗一首：

　　　　前人初用茗饮时，煮之无问叶与骨。
　　　　浸穷厥味白始用，复计其初碾方出。
　　　　计尽功极至于磨，信哉智者能创物。
　　　　破槽折杵向墙角，亦其遭遇有伸屈。
　　　　岁久讲求知处所，佳者出自衡山窟。
　　　　巴蜀石工强镌凿，理疏性软良可咄。
　　　　予家江陵远莫致，尘土何人为披拂。

　　此诗反映了宋代饮茶从"片茶"到"草茶"的演变。当"草茶"渐成气候时，碾茶的工具即同时革新，原来碾"片茶"的"破槽折杵"已被丢弃到墙角。碾"草茶"采用的石磨，苏东坡称是"智者"的创物，当时石磨以衡山产者为佳。

　　更为重要的是，从刘松年《撵茶图》中也透露出一个信息，南宋时期的临安，"草茶"消费已超过了"片茶"。

第九章

《赵孟頫写经换茶图》卷
中的禅意人生

茶因僧而得名，僧由茶以悟禅，故曰"茶禅一味"。关于"茶禅一味"最有趣的往事，莫过于元代大书画家赵孟頫的"写经换茶"。明代画家仇英将这一往事描摹成图，文徵明又用小楷补书《心经》，于是成就了这幅雅到极致的《赵孟頫写经换茶图》卷。

［明］仇英《赵孟頫写经换茶图》卷局部　美国克利夫兰艺术博物馆藏

双美并现

《赵孟頫写经换茶图》卷，绢本设色，纵22厘米、横110厘米，明代仇英所作，现藏美国克利夫兰艺术博物馆。根据画幅后明人王世懋之题跋可知，此图是仇英应当时昆山收藏家周于舜之求而作，描绘了元代书画家赵孟頫写《心经》与明本和尚换茶的故事。周于舜因获得赵孟頫的《写〈心经〉换茶诗》，而不知其所写《心经》流落何处，于是请仇英依诗意而作画，同时请文徵明在画卷后以小楷书写《心经》以代赵孟頫原作。

仇英作图、文徵明补书，一幅图卷集齐了"明四家"中两位大家的笔墨，真可谓双美并现。

此卷图前为一空白写经纸，钤"景德大藏"篆书朱文印，可证此图卷曾为昆山景德寺所藏。今昆山市玉山镇西街西寺弄西附近，古称通德坊，曾有一寺院，为东晋黄门侍郎兼中书令王珉舍宅所建，初始名"宝马寺"。宋景德二年（1005），僧庆昚奏赐"景德教寺"。宋淳祐年间的《玉峰志》，以及明嘉靖、万历年间的《昆山县志》等，对此寺均有记载。

图画部分构图简练，古松掩映，竹篱一折，主人与僧据石案对坐，作展卷提笔之状，童子或侍应、或煮茶、或捧书。画法用笔细润，晕染淡秀，人物得李公麟之遗意，设色有赵孟頫影响。钤"周氏于舜""乾隆御览之宝""乾隆鉴赏""三希堂精鉴玺""石渠宝笈""宜子孙""宋荦审定""翁万戈收藏印""万戈珍赏""纬萧草堂画记""陇西仲子珍藏"等印。

图后为文徵明所书《摩诃般若波罗蜜多心经》（《心经》），楷体，字体周正，笔画婉转，节奏缓和，意态生动。落款为"嘉靖二十一年岁在壬寅九月廿又一日，书于昆山舟中，徵明"。其后钤有"万戈珍赏"篆书朱文印。

文徵明一生多次书写《心经》，除了本文所述的这幅书写于嘉靖二十一年的《心经》，还有落款为"弘治甲子"（1504，文徵明34岁）"嘉靖二年"（1523，文徵明53岁）"嘉靖三十二年"（1553，文徵明83岁）等书法《心经》作品。

《心经》后为文徵明长子文彭题跋，云：

摩訶般若波羅蜜多心經

觀自在菩薩行深般若波羅蜜多時照
見五蘊皆空度一切苦厄舍利子色不
異空空不異色色即是空空即是色受
想行識亦復如是舍利子是諸法空相
不生不滅不垢不淨不增不減是故空
中無色無受想行識無眼耳鼻舌身意
無色聲香味觸法無眼界乃至無意識
界無無明亦無無明盡乃至無老死亦
無老死盡無苦集滅道無智亦無得以
無所得故菩提薩埵依般若波羅蜜多
故心無罣礙無罣礙故無有恐怖遠離
顛倒夢想究竟涅槃三世諸佛依般若
波羅蜜多故得阿耨多羅三藐三菩提
故知般若波羅蜜多是大神咒是大明
咒是無上咒是無等等咒能除一切苦
真實不虛故說般若波羅蜜多咒即說
咒曰
揭諦揭諦波羅揭諦波羅僧揭諦菩提
薩婆訶

嘉靖二十一年歲在壬寅九月廿
又一日書于崑山舟中 微明

文徵明所书《心经》和"万戈珍赏"篆书朱文印

逸少（王羲之）书换鹅，东坡书易肉，皆成千载奇谈。松雪（赵孟頫）以茶戏恭上人，而一时名，公咸播歌咏。其风流雅韵，岂出昔贤下哉。然有其诗而失是经，于舜请家君为补之，遂成完物。癸卯仲夏，文彭谨题。

钤"文彭"篆书朱文印、"文寿承氏"篆书白文印。
文彭跋后为其弟（文徵明次子）文嘉的识语，云：

松雪以茶叶换般若，自附于右军以黄庭易鹅，其风流蕴藉，岂特在此微物哉？盖亦自负其书法之能继晋人耳。惜其书已亡，家君遂用黄庭法补之。于舜又请仇君实甫以龙眠笔意写《书经图》于前，则此事当遂不朽矣。癸卯八月八日，文嘉谨识。

钤"文休承氏""文嘉"篆书白文印。

文嘉识后为王世懋题记，云：

> 昆山周于舜，博雅好古，常赏得赵承旨以《般若经》换茶诗，
> 而亡所书经，遂请仇实甫图之，而文待诏徵仲为补书小楷《心经》，
> 皆极精好，即承旨复生，亦当击节。世懋得此卷于于舜家，先所珍
> 藏承旨行书《心经》，为力上人写者，妙若合璧，回以换茶诗，诸
> 跋足之，而实甫图、徵仲书，居然自成一胜。政无所藉，承旨跋也，
> 徵仲两子寿承、休承各跋，补书之意，惜其字皆入品，不忍去之。
> 盖一举而得两完物，自谓得荣览者，毋以跋为疑也。万历甲申十月
> 朔王世懋题于日损斋中。

钤"王氏敬美""墙东居士"篆书白文印。后有"翁万戈鉴赏"篆书
朱文印。

最后为清人费念慈题跋，云：

> 周于舜，字六观，昆山人，收藏甚富。十洲尝馆其家，作
> 《子虚》《上林》二图，五年始成，文待诏为书二赋。此卷为六观
> 作，当在其时。图中松雪象与《本传》所言不同，然往见小楷《尚
> 书·注·序》前有提举杨叔谦画象，亦作广颡，与此正同，知十洲
> 必有所本也。壬寅上已携松雪临《褚黄庭》、十洲橅冷启敬《蓬莱仙
> 弈》两卷谒吾师于山庐，出眎此图，属记于后。武进费念慈。

钤"趈斋"篆书朱文印。

《赵孟頫写经换茶图》卷最早著录于乾隆时期的《钦定石渠宝笈续
编》中，标题为《仇英画换茶图文征明书心经合璧（一卷）》。题识云：

> （本幅）二幅，画幅绢本，纵六寸五分，横三尺三寸。设色画松

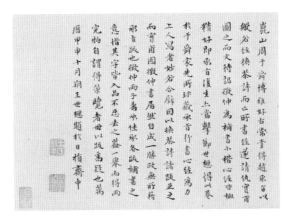

王世懋题记

费念慈题跋

林、竹篱。松雪据石几作书，恭上人对坐。后设茶具、炉案，侍童三。款，仇英实父制。钤印二，十州（洲）、仇英之印。书幅，金粟笺本。纵如前，横九寸七分。楷书《心经》（文不录），嘉靖二十一年，岁在壬寅，九月廿又一日，书于昆山舟中，徵明。钤印二，停云、徵明。

可惜今观此图卷，画幅中"仇英实父制"款和"十州（洲）""仇英"二印已不存，书幅中"停云""徵明"二印亦难觅踪迹。

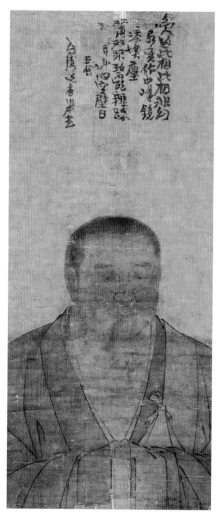

[元]（传）赵孟頫《中峰明本和尚自题像》 收藏地不详

展图观之，右前方为赵孟頫在松林树下据石案而坐，似乎才将纸摊开，手握毛笔而侧身看着右后方的侍童。侍童手捧茶笼（里面装有茶包），向赵孟頫走去。石几前坐有一老僧，面向画纸，即是题识上所说的"恭上人"明本禅师。中间松林不远处的侍童，正手执蒲扇，蹲着煮水煎茶，旁有炉案、茶具。图之左侧更远处有一侍童，手捧一大捆寺院收藏的经卷和书画正向这里走来，显然是奉了师父之命，取来请赵孟頫鉴赏的。侍童的身后有两只喜鹊正在圆台上觅食，更添一段意趣。

仇英并没有见过赵孟頫的模样，而他创作的赵孟頫形象却不是凭空想象出来的。作品拖尾有一段费念慈的题跋说"图中松雪象与《本传》所言不同"，而《本传》所言"当是《元史·赵孟頫传》中对赵孟頫的描写，不同之处在于赵孟頫被仇英描绘成一个额头高高、似乎略有脱发的模样。不过，费氏紧接着在题跋里又写道："……前有提举杨叔谦画像，亦作广颡，与此正同，知十洲必有所本也。"杨叔谦是与赵孟頫同时期的人，与赵孟頫熟识，他所作的赵孟頫可能就是仇英所画形象的最初来源。

与赵孟頫对坐的明本禅师（1263—1323）为元初著名僧人，俗姓孙，号中峰，法号智觉，西天目山住持，钱塘（今杭州）人。明本从小喜欢佛事，稍通文墨就诵经不止，常伴灯诵到深夜。23岁赴天目山，受道于师子院，白天劳作，夜晚孜孜不倦诵经学道，遂成高僧。元仁宗曾赐号"广慧禅师"，并赐谥"普应国师"。时人对明本禅师敬重有加，赵孟頫更以弟子礼师事之。

赵孟頫与明本禅师之间的交往颇能反映元代士大夫参禅问道的现象，这是士大夫与禅师精神相通的表现。从宋代开始，士大夫就有与僧侣、道士之间交往悠游的习惯，至元代这种情况更为突出。赵孟頫与明本信札中多次提到彼此馈赠茶叶、药品等礼物，可以看出彼此之间的亲密关系。这是禅师与士大夫精神相通的表现，赵孟頫写《心经》而明本和尚赠茶为润笔，实为通行习俗，而不能说是一种买卖交易行为。

流传经历

《赵孟頫写经换茶图》卷是绘画与书法合璧之作，前有仇英作图，后有文徵明补书，确属难得。

仇英（约1498—1552），字实父，号十洲，江苏太仓人，明代画家，与沈周、文徵明、唐寅并称为"明四家"。仇英早年曾做过漆工，为人彩绘栋宇，后改学画，师周臣。善摹古，不拘一家一派，善画人物、鸟兽、山水、楼观、舟车，题材广泛，风格工整秀丽。人物画最为精妙，既工设色，又善水墨、白描，或婉转舒畅，或劲丽艳爽。

就画格而言，"明四家"中沈、文、唐三家，不仅以画取胜，且常佐以诗句题跋，故画格较高。而仇英出身低微，文化水平不高，一般只在自己的画上题名款，故画格稍低。但仇英的创作态度十分认真，每幅画都是严谨周密、刻画入微，这也得到了"明四家"中其他三家的认可。据仇英的好友彭年记载，"十洲少既见赏于横翁（文徵明）"。此外，除了拜在周臣门下学画，仇英亦曾在著名鉴藏家项元汴、周六观家中见识了大量古代名作，临摹创作了大量精品。

文徵明（1470—1559），初名壁，字徵明，后更字征仲，号衡山、停云，长洲（今江苏苏州）人。祖籍衡山，故号衡山居士。家世武弁，自祖父起始以文显，父文林曾任温州永嘉知县。他幼习经籍诗文，喜爱书画，文师吴宽，书法学李应祯，绘画宗沈周。少时即享才名，与祝允明、唐寅、徐祯卿并称"吴中四才子"。

文徵明在书法方面取得的成就，在当时几乎是无与伦比的，他各体都有涉猎，且成就不凡。其中，尤其以行书和小楷为最擅。他的小楷，法度严谨，用笔精到，气韵高雅，堪称明朝第一。文徵明一生都用工于小楷，到晚年还笔耕不辍，嘉靖二十一年文徵明已72岁，依旧写下此幅《心经》。至80岁以后，文徵明的小楷更见功力，这在中国书法史上是极为罕见的。文徵明小楷作品流传下来很多，从整体上看，其作品气势连贯，疏密有致，和谐统一，体现了文徵明一贯的平和典雅的书法风格。

然而，此图卷的珍贵之处并不仅限于仇英的作图和文徵明的补书，文徵明小楷《心经》之后，又是其两子文彭、文嘉的题识。一幅作品上，集齐父子三人笔墨，亦是一段佳话。

文彭（1498—1573），字寿承，号三桥，别号渔阳子、三桥居士、国子先生等，文徵明长子。以明经廷试第一，授秀水训导，官至南京国子监博士，人称"文国博"。文彭少承家学，善绘画，传世画作有《兰花图》轴，现藏北京故宫博物院；又有嘉靖四十一年（1562）所作《墨竹图》轴，现藏广东省博物馆。书法初学钟（繇）王（羲之），后效怀素，自成一家。晚年全力倾于孙过庭，篆、隶最见精粹，曾书《古诗十九首》卷，并有嘉靖三十年（1551）《题仇十洲摹本清明上河图记》。亦能诗，著有《博士诗集》。尤精篆刻，风格工稳，为后世所宗，称为文人流派印

明末薛明益小楷手录王世贞《文先生传》部分

章之"开山鼻祖"。

文嘉（1501—1583），字休承，号文水，文徵明次子，吴门派代表画家。初为乌程训导，后为和州学正。能诗，工书，小楷清劲，亦善行书。精于鉴别古书画，工石刻，为明一代之冠。画得徵明一体，善画山水，笔法清脆，颇近倪瓒，着色山水具幽澹之致，间仿王蒙皴染，亦颇秀润，兼作花卉。明人王世贞评曰："其书不能如兄，而画得待诏（文徵明）一体。"詹景凤亦云："（文）嘉小楷轻清劲爽，宛如瘦鹤。"

《赵孟頫写经换茶图》卷原是仇英应当时昆山收藏家周于舜之求而作。周于舜（1523—1555），嘉靖朝名臣周伦之子，周家为收藏世家，周于舜是在收藏古代书画名迹的家中长大的。周家的收藏以赵孟頫的书迹最为有名，据传曾收藏了赵孟頫的《文赋》《枯树赋》《行书唐诗》《阴符经》等。

周于舜之后，此图卷为王世懋所得。王世懋（1536—1588），字敬美，号麟洲，时称少美，苏州府太仓人（今江苏太仓）。嘉靖进士，累官至太常少卿，是明代文学家、史学家王世贞之弟，好学善诗文，著述颇富，而才气名声亚于其兄。王世懋喜收藏，曾藏有晋代书法家索靖的《出师颂》，为现存最早之传世墨迹。

王世懋是自周于舜家得此图卷，更巧的是，王世懋家就收藏有一幅赵孟頫的书法《心经》。兴奋之余，王世懋遂在画卷中文彭、文嘉题识之后，再增题跋语，叙述此事。

王世懋之后，《赵孟頫写经换茶图》卷应入藏过昆山景德教寺，故此图卷榜首钤有"景德大藏"一印。此图卷所绘内容为"写经换茶"，又有佛经名篇《心经》，入藏佛寺确也合适。至于是否由王世懋将此图卷献于景德教寺，我们不得而知，但入藏时间应该在明末，因为清代文献中很难找到关于昆山景德教寺的记载。

或许在明清易代之际，昆山景德教寺毁于战火，《赵孟頫写经换茶图》卷亦因此流落世间。入清后，此图卷为清初重臣宋荦所有，故钤盖"宋荦审定"一印。宋荦（1634—1713），字牧仲，号漫堂，晚号西陂老人，归德府（今河南商丘）人。康熙年间以父荫入仕，官江苏巡抚，后累升至吏部尚书，加太子少师。博学多识，工诗词古文，精鉴藏，所藏皆古人名迹及一时名家名作。

宋荦之后，此图卷传给其次子宋至，故钤有"纬萧草堂画记"一印。宋至（1659—1726），字山言，晚号方庵，宋荦次子，清代藏书家，"纬萧草堂"或为其斋号。康熙四十二年（1703）官翰林，授编修。

之后，《赵孟頫写经换茶图》卷为内府所得，故钤有"乾隆御览之宝""乾隆鉴赏""三希堂精鉴玺""石渠宝笈""宜子孙"等印，亦可见乾隆皇帝对其喜爱。

至清末，《赵孟頫写经换茶图》卷从宫中流出，至于如何从清宫流出？之后又为何人所藏？还有待查考，但其上确有清末武进人费念慈的题跋。费念慈（1855—1905），字屺怀，一署峐怀，江苏武进人，清末书法家、藏书家。光绪十五年（1889）进士，会试后任馆阁职，授翰林院编修。因论及朝廷之事被撤职遣归，旋即回到吴中，以诗文、书画、藏书为业。

费念慈题跋之后，《赵孟頫写经换茶图》卷又曾被李荫轩、翁万戈等人收藏，故钤有"陇西仲子珍藏""翁万戈收藏印""万戈珍赏"等印。李荫轩（1911—1972），字国森，号选青，祖籍安徽，生于上海，李鸿章侄孙，现代文物收藏家、藏书家。翁万戈（1918—2020），翁同龢五世孙，著名美籍华人收藏家，其书画收藏基本来自翁同龢的旧藏。

《赵孟頫写经换茶图》卷在清末至民国期间的递藏关系，仍然是一个谜，但最终可能是经翁万戈之手，入藏的美国克利夫兰艺术博物馆。

一幅图卷，既有"明四家"仇英、文徵明的图和书，又有文彭、文嘉、王世懋、费念慈等人的题跋，更有曲折的流传经历，其珍贵程度不言而喻。

"写经换茶"

据史料记载，南宋灭亡后，大书画家赵孟頫作为"宋室侍元"的文官，不仅受到朝臣的猜疑和排挤，世人也对他仕元为官充满鄙视和指责。两方面的压力使他无法排解，只能更多地寄情于书画创作，并倾心求佛问道，希望从宗教中寻求精神寄托。因此，赵孟頫与一众僧人、道士交往甚密，"写经换茶"中的"恭上人"就是其中一位。

现存的赵孟頫的名作小楷《道德经》和赵孟頫写给中峰明本禅师的信札，隐隐折射出这位从小受儒家思想教化的文人士大夫疏离仕途，寻求独善其身、皈依佛老的心路历程。此外，赵孟頫还应中峰禅师之请为其师父撰写了个人传记，即行书《高峰禅师行状》卷。字里行间没有多少婀娜矫健之姿，反而尽显遒劲之骨力，间架用笔应规合矩，笔锋间隐隐传递的对佛法恭敬之意贯穿首尾。

"写经"即抄写经书，是人们对佛虔诚的一种表达，被视为一种积累功德的行为，古时较为流行。赵孟頫所写之经乃《摩诃般若波罗蜜多心经》，简称《般若心经》或《心经》，唐代玄奘大师译，知仁和尚笔受，共一卷，是般若经类的精要之作。全经260字，词寡而旨深，是般若经类的提要、经典，高度浓缩佛教的教义，但是里面的内容广博，从五蕴空讲到一切皆空，可以说包括了一切佛法。

赵孟頫一生抄录了大量佛教经卷，流传于世的多达80多册（卷），仅《金刚经》就11次，有12册。此外，《摩诃般若波罗蜜多心经》《圆觉经》《无量寿经》等，他也都多次抄写。其实赵孟頫写经，不光是为换茶，更重要的原因是想皈依佛道，虔敬三宝。《元史》载，赵孟頫"旁通佛、老之旨，皆人所不及"。

作为一个几乎全能的才子，赵孟頫在元朝可谓文化界最耀眼的明星。从威名赫赫的元世祖忽必烈开始，历仕五朝，官至翰林学士承旨，荣禄大夫，被封魏国公。当时的人称赞赵孟頫的诗"清邃奇逸"，书画更是驰名天下。其书法造诣达到了与欧阳询、颜真卿、柳公权并称"欧颜柳赵"四大家的登峰造极之境。明代才子王世贞在《弇山堂笔记》中称赵孟頫的书法为"上下五百年，纵横一万里，复二王之古，开一代风气"。这样的成就评价，也算是"前无古人，后无来者"了。

然而，赵孟頫也是被后世人骂得最惨的书画大家。因为背着一个"宋朝皇室后人"的身份，赵孟頫在赵宋亡国后去蒙元朝廷做官的事，一直为人诟病。明末清初大儒傅山早期曾评价赵孟頫的字"见其字如见媚骨"，近代大画家徐悲鸿也曾经说："媚俗媚骨，赵书最不可取，最不可学。"

正反两种观点，历来争论不休，归根结底，就是对于赵孟頫人品的争议，或者叫道德层面的审判。而这种争议审判，其实在赵孟頫活着时就已经广泛而尖锐。纵观他的一生，虽然文化造诣举世无匹，但一生都背负着沉重的道德包袱。

算起来，赵孟頫与宋太祖赵匡胤隔了整整十代人，新儒家学派的大家徐复观就说他只是个"过气的王孙"，他真实的生活状况，"实与当地一般的知识分子无异"。

無五色舍利者疇克及此
己酉仲夏之晦為
君材先生題 釋登

戒律而超然入聖非平時他作可及筆端
中峰和尚寫圓融秀逸若游戲三昧不縛
於竺乾妙典不一書而之也此卷心經乃為
指不可縷僂蓋其前身當是高僧故津
趙魏公平生好寫佛經禪偈余所見甚多

［元］赵孟頫行书《般若波罗蜜多心经》册页局部 辽宁省博物馆藏

宋理宗宝祐二年（1254），赵孟頫出生于风光如画的浙江吴兴（今湖州）。他自幼聪敏，读书过目成诵。练习书法，每天抄写《千字文》，要写足500页纸，赵孟頫从小就对书法专注，并且毅力惊人。

12岁那年，赵孟頫父亲意外去世，赵家家境每况愈下，在坎坷忧患中生活极其艰难。不幸中的万幸是，赵孟頫有一个坚强识大体的母亲——丘夫人。在母亲含辛茹苦的教育下，赵孟頫坚持发奋苦读，没有因为家庭变故而彻底荒废。

1276年，蒙古人攻入临安（今杭州），赵孟頫自家的不幸与南宋国家的不幸搅和在一起，这个年轻人的命运变得越来越不受自己掌控。南宋灭亡之前，国力衰微加上年代久远，没人觉得赵孟頫是什么皇族之后，应该享受什么特权。南宋一亡，时人将"赵宋王孙"的帽子往他头上一扣，仿佛看着他去死才能遂了人愿。

赵孟頫太难了，本该意气风发的年纪，却不得不选择逃避之路——隐居在德清县的山中，这一躲就是十年。十年间，他致力于学，心无旁骛，每读书必思之再三始作罢。他的诗文书画造诣就是在这十年里达到了一个高峰，成长为"吴兴八俊"之一。

1286年，元朝著名汉臣程钜夫奉元世祖忽必烈之命访求江南才俊，他很快找到了声名赫赫的书画才子赵孟頫。程钜夫如何说服的赵孟頫，我们不得而知，但他带回大都的20多名汉族文人中确有赵孟頫。

此时，距离蒙古人攻破临安已经整整十年，距离南宋彻底灭亡已经过去7年。看似赵孟頫出山无可厚非，但这个决定却让他痛苦一生，甚至一直为后世诟病。因为当时元朝大局已定，正是大量收揽人才收买人心、以求繁荣发展的时期。赵孟頫的王孙身份，正是忽必烈最喜欢的，可以最大限度上标榜他对前朝的开放接纳姿态。

据《元史·赵孟頫传》载：

　　孟頫才气英迈，神采焕发，如神仙中人，世祖顾之喜，使坐右

［元］赵孟頫《观泉图》轴　台北故宫博物院藏

丞叶李上。或言孟頫宋宗室子，不宜使近左右，帝不听。时方立尚
书省，命孟頫草诏颁天下，帝览之，喜曰："得朕心之所欲言者矣。"

走进朝堂的赵孟頫"神采秀异，珠明玉润，照耀殿庭"，忽必烈惊呼
"神仙中人"。忽必烈还让赵孟頫坐在右丞叶李的上席，这在等级观念近乎
扭曲的蒙元朝廷，是至高无上的礼遇。以至于身边不停有人提醒忽必烈，赵
孟頫是亡宋王孙，不宜安排在皇帝身边工作。但忽必烈不以为然，现场要赵
孟頫为新设尚书省一事起草诏书。赵孟頫挥笔立就，忽必烈阅后大喜。很
快，赵孟頫被任命为从五品的奉训大夫、兵部郎中，总管全国驿置费用事。

然而，赵孟頫是赵宋宗室，且才高名重，他的出仕马上被树立为异
族统治者收买汉人文化精英的典型。而他的名节，也将面临无尽的诋毁。

［元］赵孟頫《人骑图》卷　故宫博物院藏

宋元易代之际，有很多赵宋宗室选择了以死相抵，其中有四五位还与
赵孟頫为"孟"字同辈，比如被范文虎杀死的赵孟桒。据说因为赵孟頫的

出仕，一些近亲与他断绝了关系，他回到江南拜访族兄赵孟坚，赵孟坚先是不愿见他，见了面又是各种讽刺，走后还让人擦拭他坐过的椅子。

赵孟頫把这种无奈和苦痛写进了诗里，《罪出》曰：

在山为远志，出山为小草。
古语已云然，见事苦不早。
平生独往愿，丘壑寄怀抱。
图书时自娱，野性期自保。
谁令堕尘网，宛转受缠绕。
昔为水上鸥，今如笼中鸟。
哀鸣谁复顾，毛羽日摧槁。
向非亲友赠，蔬食常不饱。
病妻抱弱子，远去万里道。
骨肉生别离，丘垄谁为扫。
愁深无一语，目断南云杳。
恸哭悲风来，如何诉穹昊。

直到63岁之时，赵孟頫还作《自警》诗一首：

齿豁头童六十三，一生事事总堪惭。
唯余笔砚情犹在，留与人间作笑谈。

可见，赵孟頫对自己的出仕行为是深深自责的。于是，"写经换茶"不再是一件简单雅事，这更是一剂良药，用来治愈他内心的无奈和苦痛。

第十章

王蒙《煮茶图》中的往事

2021年12月12日，中国嘉德秋拍上拍一幅重磅茶画——王蒙的《煮茶图》，成交价格为人民币3680万元。王蒙是元末明初著名画家，与黄公望、吴镇、倪瓒并称为"元四家"，这幅《煮茶图》是其唯一流传在民间的山水画作。

"隐居山水"

王蒙（1308—1385），字叔明，号黄鹤山樵、香光居士，吴兴人，元末明初画家，以山水闻名，兼工诗文、书法。元末曾做过小官，后隐居黄鹤山，明初任泰安知州。

在中国绘画史上，王蒙最特别的意义是作为从元代过渡到明代的关键性人物而存在的。与"元四家"其他三家艺术风格不同，王蒙的艺术风格表现了对周围环境愈加关心，对山川自然的描写更加尽心尽力。王蒙的山水画艺术可划分为"草堂山水"、"书斋山水"和"隐居山水"三个时期，《煮茶图》是他晚年"隐居山水"的代表作。

《煮茶图》为纸本设色，立轴画卷，纵99.3厘米、横46.3厘米，画中所绘为王蒙晚年隐居之山水。图中几座主峰在不同的空间位置上，起承转合，于平远中见深远，自然辽阔。

该图款识为"煮茶图。黄鹤山中人王蒙为惟允画"，钤"香光居

［元］王蒙《煮茶图》 中国嘉德2021秋拍

士""黄鹤山樵"等印，鉴藏印有"如愿""靖侯秘笈""朱靖侯""朱爵长寿""长卿"等。

图的上方有四段题跋，分别是由元代的宇文公谅、署名"郡中"的同乡文人，以及明代的黄岳、杨慎四人题写跋语，抄录如下：

> 霁色如银莹碧纱，梅葩影里月痕斜。
> 家僮乞火焚枯叶，漫汲流泉煮嫩茶。
> 顿使山人清逸思，俄惊蜡炬发新花。
> 幽情不减卢仝兴，两腋风生渴思赊。
> 公谅。

宇文公谅在《元史》中有本传，字子贞，其祖先成都人，后徙吴兴。约元惠宗至元中前后在世。他通经史百家言，弱冠有特操。至顺四年（1333）中进士，为国子助教。日与诸生辨析诸经。调应奉翰林文字同知制诰，兼国史院编修。官至岭南廉访使佥事，以疾请老。卒，门人私谥曰"纯节先生"。宇文公谅著作宏富，有《折桂集》《观光集》《辟水集》《以斋诗稿》《玉堂漫稿》《越中行稿》，凡若干卷。

> 嫩叶雨前摘，山斋和月烹。
> 泉声云外响，蟹眼鼎中生。
> 已得卢仝兴，复饶陆羽情。
> 幽香逐兰畹，清气霭轩楹。
> 郡中。

"郡中"，在这里应当是指画家王蒙的一位同乡文人所写，这人亦为吴兴人。可惜字迹漫漶，不可考其具体姓名。

清泉细细流山肋，新茗丛丛绿芸色。

良宵汲涧煮砂铛，不觉梅梢月痕直。

喜看老鹤修雪翎，漫爇沉檀检道经。

步虚声彻茶初熟，两袖清风散杳冥。

蜀人黄岳题于岷江寓所。

经查，黄岳是明末清初文人，生卒年不详，四川人，曾任吏部考功司郎中。

扁舟阳羡归，摘得雨前肥。

漫汲画泉水，松枝火用微。

香从几上绕，细雨树头围。

浑似松涛激，疑还绿绮挥。

蜂鸣声仿佛，涧水响依稀。

杨慎。

后钤有"杨慎私印"。杨慎是明代著名的学者和文学家，字用修，号升庵，杨廷和之子，为明朝三大才子之一，四川新都（今成都市新都区）人，祖籍江西庐陵。少年时聪颖，他曾入京作《黄叶》诗，为李东阳所赞赏。正德六年（1511），殿试第一，授翰林院修撰。编修《武宗实录》，禀性刚直，每事必直书。武宗微行出居庸关，上疏抗谏。明世宗继位，任经筵讲官。嘉靖三年（1524），众臣因"大礼议"，违背明世宗的意愿而遭受廷杖，杨慎谪戍云南永昌卫，居云南30余年，死于戍地。

王蒙一生或仕或隐，又一生为入仕和出仕所困扰，清人张庚甚而嫌他"未免贪荣附热，故其画近于燥"，但王蒙画山水的技法在"元四家"之中却是最为丰富的。而《煮茶图》是王蒙绘画风格成熟时期的作品，同时最能代表他的绘画成就，其用笔包容了整洁修饰和乱头粗服的多样风格。

《煮茶图》款识与题跋

20世纪30年代，《煮茶图》曾出现于上海，很快就以其独特的构成图式与笔墨气韵引起江南鉴藏圈的关注。邓实携此画请吴湖帆鉴定，思虑几日后，吴湖帆为画题写签条：

> 元黄鹤山樵为陈惟允画煮茶图真迹。秋枚道兄秘藏。戊寅（1938）春正吴湖帆题签。

经查，"秋枚"即邓实，字秋枚，自署风雨楼主，广东顺德人。1902年，在上海创办《政艺通报》；1905年，与章太炎等人创办以"保存国粹"为宗旨的《国粹学报》，任总纂；1908年，创办影印历代金石书画及题跋的画报《神州国光集》，任主编。吴湖帆比邓实小17岁，故称邓为道兄。

吴湖帆在《丑簃日记》民国二十七年（1938）二月十九日中有载：

> 傍晚，……秋枚带王叔明《煮茶图》见示。此图叔明为陈惟允画，题者有宇文公谅、杨升庵及不著名之都中黄、岳二人。画作麻点皴，虽纸甚敝而精神尚好，笔墨则粗看甚草率，而细看甚有味，

与余藏之《松窗读易》（现藏浙江省博物馆）卷子为一时作，纸亦相同，乃宋镜面笺也。

而在二月廿五日的日记中，说道：

今日细阅王叔明《煮茶图》，叔明与宇文公谅二题字似出一手为疑，容缓再细研究之。

到了二月廿六日，又如此记述：

天晴，未出门。徐邦达、徐俊卿、孙伯渊、陆一飞、王季迁、邓秋枚均来。……（徐）邦达来，专为看山樵《煮茶图》。

邦达看了山樵若干时即去，去时犹留恋不舍，云明日再来许观否？余（指吴湖帆）诺之而去。

可见，吴湖帆对《煮茶图》是一个从质疑到肯定的过程，而且吴湖帆、邓实、徐邦达三位先生都极为看重这件作品。

到了1939年，吴湖帆、徐邦达将《煮茶图》刊登在《国光艺刊》上。吴湖帆在《梅景书屋随笔》中说：

王叔明画以《青卞隐居》《葛令移居》二幅为平生杰作，所见王氏真迹皆未能出此上。他如庞氏（莱臣）藏《夏日山居》《丹山瀛海》、故宫藏《谷口春耕》《雅宜山斋》、邓氏（秋枚）藏《煮茶图》、周氏（湘云）藏《春山读书图》、徐氏（俊卿）藏《西郊草堂图》、吾家之《松窗读易图》、及门（人）王季迁所收《林麓幽居》等，皆妙品也。

另在《丑簃谭艺录》中，吴湖帆亦有类似记载。

［元］王蒙《葛稚川移居图》轴 故宫博物院藏

［元］王蒙《太白山图》卷　辽宁省博物馆藏

　　吴湖帆将《煮茶图》与其他10件作品相提并论，足见对其重视程度。时至今日，其他10件作品均收藏于北京故宫博物院、上海博物馆等机构，而《太白山图》卷、《具区林屋图》轴、《松林写作图》卷等图也被收藏于国内外博物馆，《煮茶图》是唯一流传在民间的王蒙作品，故具有极高的收藏价值。

"密"之笔意

　　用"渴笔"画出山体，再以"点苔"表现出阴阳向背，这是王蒙在晚年特有的笔法。王蒙的山水画总体趋向简率写意，虽构图繁密，但笔意苍莽。洪武年间，王蒙作过一篇长歌行体诗《登泰山》：

> 飞仙挟我游天门，足蹑万壑云雷奔。
> 凌虚直上数千尺，适见混沌兮乾坤。
> ……
> 《白云》清谣曲未终，泠风命驾归崆峒。
> 千峰万峰浸明月，恍惚身在瑶池宫。

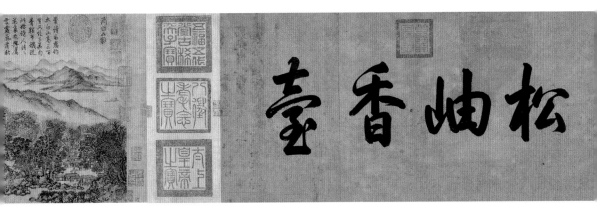

明朝稽首下山去，翠嶂突兀青霞中。

其诗文与山水画，在意境上是相通的。明代大学者王世贞在《艺苑卮言》中认为传统山水画至"黄鹤又一变也"，成为重要转折，说明他在山水画发展史上有着举足轻重的地位。从明代沈周、清代髡残，直到近代黄宾虹、吴湖帆、陆俨少等，有不少山水画家汲取王蒙的法乳。

作为王蒙晚年由沉郁隐晦转变为开阔雄浑的代表作品，《煮茶图》代表了元代文人画的艺术水平。此作用一种横向的细曲皴法（牛毛皴），形如牛毛，表现了山石的肌理结构，以秃笔、重墨表现山苔的干、湿、浓、淡、光、毛等不同质感，交织着传统技法和时代新风。

王蒙自幼聪明好学，深受外祖父赵孟頫书画艺术的熏陶，早年书法已很精妙，颇具功力，为他以后以书入画、丰富自己的用笔技巧打下了雄厚的基础。《煮茶图》中的用笔，主要汲取了赵孟頫中锋用笔的笔法，融合董源、巨然、郭熙等卷曲柔浑的笔势，参以篆书的用笔而形成一种中锋卷曲笔法。比如画面右下角的树丛，其树干用笔干脆且长线条和短线条相互配合，笔线和笔线之间顺势而生，用笔以中锋为主。无论是树干还是树枝都以书法用笔表现出来，这种笔法所画的线，虽平但有力度，虽细却不软弱，线条弯曲有韧性且一波三折，有"金钻镂石，鹤嘴划沙"之妙。

元人山水变革前人画法，其中之一就是由湿变干。长于干擦是黄公望、王蒙、倪瓒的共有特点，但王蒙尤长于积、擦和枯笔的运用。王蒙善于干笔积、擦，似枯而润，表达出苍郁深秀、明润华滋的笔墨趣味，这一点在《煮茶图》中也有体现。图中的山石，是先用淡干墨以勾摹，然后用稍浓干笔在其上作皴擦，接着用浓墨局部剔擦，最后用焦墨在山头及阴凹处"点苔"。

"苔为山水眉目""画不点苔，山无生气"。"点苔"从董巨（董源、巨然）开始广泛使用到山水画中，逐渐成为水墨山水画中的重要技法之一。到了元代，"点苔"技法已日趋臻妙。王蒙的"点苔"技法更是独具一格，在《煮茶图》中可以看出，画家用焦墨破笔、散峰直注的技法洒敷在山头上，却有草木苍茫之感。点时笔由空而下，力透纸背，手腕灵活，有疏有密，点洒随意而又恰到好处，看上去既不飘忽又不呆板方为上乘。王学浩在《山南论画》说：

> 点苔最难，须从空坠下，绝去笔迹，却与擢不同。擢者秃笔直下，点者尖笔侧下。擢之无迹笔为之，点之无迹用笔者为之也。尝见黄鹤山樵《江山渔父图》其点苔处粗细大小无一可循笔迹，真得从空坠下之法。

而通幅观之，《煮茶图》充满浓厚的"密"之笔意。所谓"密"，是指用笔纷繁、刻画周密，不以疏、简为主的一种画法。唐代张彦远在《历代名画记》中指出：

> 顾、陆之神，不可见其盼际，所谓笔迹周密也。

王蒙是这一理论的实践者，他于山水画风上最大的贡献在于创造了以"密"为特点的山水风格。这正是王蒙所独创的"水晕墨章"，它丰富了民族绘画的表现技法，表现出元气磅礴、纵横离奇的山水境界。《煮茶图》是在王蒙晚期恢宏密体山水发展成熟的节点上完成的，该图的皴法繁复、浑厚华滋。

在冷峻繁密的山林里煮茶，显得格外温厚，似乎记录着时间的流逝与美好而悠长的往事。在王蒙的绘画语言里，人物的铺陈是永恒的主题，与倪瓒画面里那杳无人烟的荒疏不同，王蒙缅怀虚幻且易逝的生活。在人物设定里，"我"似乎是无处不在的，或读书会友，或冥思静坐，又或在小道上策杖而行。

陈传席的《中国山水画史》有言：

> 一代而有一代之文，一代而有一代之艺，元代所特有的抒情写意山水画高度，前代不可能达到，后代也无法企及，这是元代社会特有的艺术。

元代以前，艺术中心往往都在首都，也就是艺术中心和政治中心保持一致，如唐在长安，北宋在

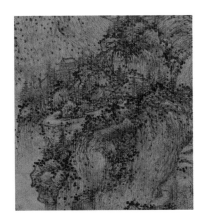

《煮茶图》局部

汴梁。而元代的绘画主体为隐士，山林是他们的中心，加上元代统治者不重视中原文化，这从侧面成全了文人对艺术的探索，是前代所没有的。所以，元代文人绘画在短短的时间里达到了创作的顶峰。

清人钱杜在《松壶画忆》中总结王蒙的画格说：

> 淡墨钩石骨，纯以焦墨皴擦，使石中绝无余地，再加以破点，望之郁然深秀。

高居翰在《隔江山色》中评论：

> 王蒙在画中安排的人物与建筑了无新意——仿佛后世的《芥子园画传》，几乎与画中所描绘的生活无关，并不是很耐人寻味。在王蒙一生的作品中，这些细节都没有显著的改变。同样的妇人总是倚在口槛，同样的男人不是坐在渔船里，就是坐在相同的茅屋的敞轩下读书，或许连念的书都一样……

高居翰所说的并无不妥，但为何不把这作为艺术家对于创作的一种执念呢？隐居山林，无须追求世俗的眼光，少了功利之心，多出了念旧或不舍。

王蒙的山水画具有深邃繁密、秀润苍茫之美，高山溪流、草堂高士、崇山萦回、涧曲谷深是其取意造境的重要标识和手段。《煮茶图》中，几位友人在山下吃茶的情景，是为一期一会的心灵交汇，只留下溪山听风雨，充满着朝夕间的无常感和难以排遣的哀愁，让观者久久不忍离去。

老友煮茶

据《泰安县志·宦绩志》记载，王蒙在明洪武二年（1369）出任泰安知州，"清廉有守，吏习而民安之，公余与士大夫饮酒赋诗，临池染翰，一时盛事"，也由此开始了他画"隐居山水"的18年生涯。

清人陈田《明诗纪事》甲卷十八《王蒙》条引都穆《谈纂》，有载：

> 王叔明洪武初为泰安知州。泰安厅事后有楼三间，正对泰山。叔明画泰山之胜，张绢素于壁，每兴至，辄一举笔，凡三年而画成，傅色多了。时陈惟允为济南经历，与叔明皆妙于画，且相契厚。一日昏会值大雪，山景愈妙。叔明曰："改此画为雪景可乎？"惟允曰："如傅色何？"叔明曰："吾姑试之。"乃以笔涂粉，色殊不活。惟允沉思良久，曰："我得之矣。"为小弓夹粉笔，张满弹之，粉落绢上，俨如飞舞之势，皆相顾以为神奇。叔明就题其上曰《岱宗密雪图》，自夸以为无一俗笔。后惟允固欲得之，叔明因辍以赠。陈氏宝此图百年，非赏鉴家不出。松江张学正廷采，好奇之士，亦善丹青。闻陈氏蓄是图，往观之，卧其下两日不去，以为斯世不复有

都穆《谈纂》书影

是笔也。徐武功尤爱之，尝谓客曰："予昔亲登泰山，是以知斯图之妙。诸君未尝登，其妙处不尽知也。"后以三十千归嘉兴姚御史公绶。未几姚氏火作，此画亦付煨烬。惜哉！

这段典故叫作"弹粉作画"，又见于清代钱谦益《列朝诗集小传》、卞永誉《式古堂书画汇考》、徐沁《明画录》等著作，广为流传。

洪武初年，王蒙用三年时间精心创作了巨幅《岱宗密雪图》，送给陈汝言；到了明代中期，此图又为嘉兴画家姚绶收藏，然不慎毁于火，甚为可惜。此外，王蒙还为陈汝言画过不少画，如《天香书屋图》《雅宜山斋图》，这些画作也没能流传下来。所幸2021年末，王蒙的《煮茶图》现身中国嘉德秋拍，受画人正是陈汝言。

陈汝言，字惟允，号秋水，先祖本为四川人，又迁居江西，后流寓吴县（今江苏苏州）。陈汝言工诗、善画，著有《秋水轩稿》，存世画作有台北故宫博物院收藏的《荆溪图》、《百丈泉图》、《诗意图》、《乔木山庄图》和美国克利夫兰艺术博物馆收藏的《仙山楼阁图》《罗浮山樵图》等。

陈汝言的生年未见确切记载，其兄陈汝秩生于元天历二年（1329），陈汝言肯定晚于此。陈汝言在元至正十年（1350）参加了玉山雅集，如果当时他已成年，则应生于元至顺二年（1331）左右。他的卒年有据可查，杨荣记载陈汝言之子陈继生于"洪武庚戌十一月丙戌也"，又说"明年八月父（陈汝言）卒，母抱归吴城"。庚戌是明洪武三年（1370），陈汝言去世于次年辛亥，即洪武四年（1371）。《仙山图》上的倪瓒题识写于"辛亥十二月二日"，亦能佐证陈汝言在本年去世。

陈汝言子辈陈继、孙辈陈宽等皆善画，陈宽还是沈周少时的老师。成化三年（1467），沈周精心绘制了一幅《庐山高图》（现藏台北故宫博物院）为陈宽祝寿。无论皴法还是构图，《庐山高图》都直接取法于王蒙，这也是沈周有明确纪年的第一幅巨作。

［元］陈汝言《百丈泉图》　台北故宫博物院藏

从人生经历来看，陈汝言与王蒙多有相似之处。两人都曾在张士诚政权下任职，陈汝言做过江浙行省右丞潘元明的幕僚，王蒙做过理问、长史类的小官。明朝建立之时，他们又同在山东为官，陈汝言任济南府经历，王蒙任泰安州知州。

陈汝言的山水画学赵孟頫，也受到王蒙的影响。朱彝尊《静志居诗话》提到陈汝言的山水积墨清润，与王蒙不相上下，能看出两人相契之深。陈汝言确实有一种画法与王蒙相近，《百丈泉图》即可为证。

王蒙为陈汝言所画《天香书屋图》虽已不存，但其上黄公望的题画诗却流传至今，曰：

> 华堂敞山麓，高栋傍岩起。
>
> 悠然坐清朝，南山落窗几。
>
> 以兹谢尘嚣，心逸忘事理。
>
> 古桂日浮香，长松时向媚。
>
> 弹琴送飞鸿，挂笏来爽气。
>
> 宁知采菊时，已解哦松意。

大元至正十八年（1358），王蒙为陈汝言绘《雅宜山斋图》，见于清人李佐贤《书画鉴影》中。至正十九年（1359），陈汝言绘《荆溪图》，王蒙跋诗一首：

> 太湖西畔树离离，故国溪山入梦思。
>
> 辽鹤未归人世换，岁时谁祭斩蛟祠。

王蒙的《煮茶图》也是为陈汝言所作。此画用笔圆劲，远景为崇山峻岭，近景有平台环水，草堂相接。画面左部有悬瀑侧注，激湍横溢，一高士在溪边拢手沉思。草堂之中，三高士端坐待茶，一童子堂前汲水，

［明］沈周《庐山高图》　台北故宫博物院藏

一童子堂右侍火，茶具陈列在旁。画面遍布岩石疏竹，细草绿荫，杂树苔点，有简远会心之韵。

煮茶的故事来自唐代陆羽，他闭门隐居，不愿出仕。与王蒙、陈汝言同时的赵原也画有《陆羽烹茶图》，他的题画诗即是表白：

山中茅屋是谁家，兀坐闲吟到日斜。
俗客不来山鸟散，呼童汲水煮新茶。

王蒙作这幅《煮茶图》赠给老友，或许是因为陈汝言当时归隐的志趣。无奈，二人最终都选择了在明朝为官。

［元］赵原《陆羽烹茶图》 台北故宫博物院藏

洪武四年（1371），陈汝言在任上获罪入狱，赴死之前，他还能从容作画，画毕就刑。张羽作《题陈惟允临刑所画》：

> 朱弦亦易绝，仄景不可停。
> 从容洒芳翰，炳焕若丹青。
> 妙艺永传世，精魄长归冥。
> 披图怀平素，清泪缘襟零。

有研究者认为陈汝言是因牵连了"胡惟庸案"被杀，其实"胡惟庸案"爆发于洪武十三年（1380），这一说法经不起推敲。然而，王蒙确

实与胡惟庸有私交，曾至丞相府上吃茶、看画，"胡惟庸案"株连多达3万余人，王蒙也被牵连下狱，于洪武十八年（1385）九月初十冤死狱中。黄鹤山樵驾鹤西游，表弟陶宗仪哭而作《哭王黄鹤》：

> 人物三珠树，才华五凤楼。
>
> 世称唐北苑，我谓汉南州。
>
> 大梦麒麟化，惊魂猩犴愁。
>
> 平生衰老泪，端为故人流。

属于画家王蒙的闪耀时代至此落幕。幸有这幅《煮茶图》，见证了王蒙与好友的一段欢愉时光。老友不再，茶香长存。

［元］陈汝言《罗浮山樵图》　美国克利夫兰艺术博物馆藏

第十一章 『惠山竹炉』的传说

品茗时，茶炉被认为是煮水烹茶的中心原点，炉的材质以及形制的差异都会为文人带来不同的品茗感受。"惠山竹炉"是以湘竹和陶土为材质制成的茶炉，明清时期的"竹炉雅集"都是以它为主题进行的，一只小小的茶炉竟引发数百年的诗歌唱和活动，实属罕见。

竹炉源起

茶炉是用来煮水的器具，由于中国历代饮茶方式的不同，导致茶炉的材质有所差异，因而产生了"风炉""凉炉""苦节君""秀才炉"等多种称谓。陆羽的《茶经》是现存最早记载茶炉的文献，其"风炉"一条云：

> 风炉：以铜、铁铸之，如古鼎形。厚三分，缘阔九分，令六分虚中，致其圬墁。凡三足……其炉，或锻铁为之，或运泥为之。

可见，"风炉"是由烹煮器具中的鼎发展而来的，唐代的"风炉"材质已经十分多样化了，可由铜、铁或泥制成。

以竹子为材质来制作茶炉始于宋代，北宋诗人苏东坡《煎茶歌》有云：

> 松风竹炉，提壶相呼。

203

由此可知，至少在北宋时期文人已经开始用竹炉煮茶了。不过此时的竹炉只是茶器中的边缘器具，除偶见于文人诗词外，北宋的茶学专著以及绘画作品中都很少见到它的形象。

到了南宋，竹炉才开始频繁出现在文人诗词中，如杜耒《寒夜》中有"寒夜客来茶当酒，竹炉汤沸火初红"，罗大经《茶声》中有"松风桧雨到来初，急引铜瓶离竹炉"，以及方岳《次韵君用寄茶》中有"茅舍生苔费梦思，竹炉烹雪复何时"等诗句，描绘的都是竹炉煮茶的情景。

与此同时，茶画中也开始出现竹炉的形象。刘松年的《茗园赌市图》是最早绘有竹炉的茶画作品，此画描绘的是茶贩们于街头斗茶之景，画中绘有一妇人手提竹篮，篮子的正面有燃着炭火的入风口，当为煮茶用

刘松年《茗园赌市图》中的"竹炉"

的竹炉无疑。从形制来看，画中竹炉为三足，类似于鼎制，与陆羽《茶经》中所描绘的"风炉"造型相似，可知宋代茶炉造型基本沿袭唐代。由画作细节可以看出，南宋的竹炉由火炉和竹编装饰两部分组成，这种做法不仅方便了斗茶时携带，同时也极大增强了竹炉的观赏性。

元代赵孟頫的《斗茶图》被认为是对刘松年《茗园赌市图》风格的模仿，图中亦绘有竹炉，但是外观上已经有了很大的变化。赵孟頫画中的竹炉仍是采用火炉和竹编装饰的结构，但是此时的竹编更为精致，竹炉的造型也由鼎形发展至圆柱形。

元代仍以竹炉作为煮茶器具，这在元人所作的茶诗中可见一斑，如谢应芳《寄题无锡钱仲毅煮茗轩》中有"午梦觉来汤欲沸，松风吹响竹炉边"，萨都剌《谢人惠茶》中有"半夜竹炉翻蟹眼，只疑风雨下湘江"等句。遗憾的是，在出土的元代茶器以及墓室壁画中，并未发现任何竹炉的形象，所以我们难以断定元代竹炉的具体构造。

到了明代，用竹炉煮茶开始受到文人喜爱，并逐渐进入品鉴的视野，成为文人茶事活动中不可或缺的装点。其中，"惠山竹炉"更是成为明代文人最为喜爱的茶器之一，其后几百年间不断被复制、题咏，推动了明清两代文人茶事活动的繁荣。

有关"惠山竹炉"的创制时间，最早的记载为明代王达的《竹炉记》。其在文末属年款云"乙亥秋仲既望日"，"乙亥"即洪武二十八年（1395）。但事实上，洪武二十八年仅是王达写作的时间，王达《竹炉记》中有"禅师走书东吴，介予友石庵师以记请"，可知"惠山竹炉"的制作年代应早于洪武二十八年秋。

明代邵宝的《叙竹茶炉》，记载更为详细：

> 洪武壬午（1402）春，友石公以病目寓惠山听松庵。目愈，图庐山于秋涛轩壁。其友潘克诚氏往观之。于是有竹工自湖州至庵，僧性海与友石以古制命为茶炉，友石有诗咏之，一时诸名公继作成

卷。永乐初，性海住虎丘，留以为克诚别，盖在潘氏者六十余年。成化间，杨谟孟贤见而爱之，抚玩不已。潘之孙某者慨然曰："此岂珍于昌黎之画，而吾独不能归诸好者乎？"乃以畀孟贤。孟贤卒之三年，秦方伯廷韶以郡守报政，还自武昌，遂为僧撰疏语，白诸孟贤之兄孟敬，取而归焉。吾闻诸吾母姨之夫东耕翁云。

"友石公"，即明初著名画家王绂（1362—1416），字孟端，号友石生，无锡人。"僧性海"，即惠山寺住持普真禅师，字性海，号松庵。邵宝在序中谈及"惠山竹炉"创制的始末，但是所载时间要比王达晚7年。

针对这一时间误差，日本学者青木正儿《惠山竹茶炉佳话》一文认为，邵氏所载的"洪武壬午"为"洪武壬子（1372）"的误写。不过洪武壬子年，作为"吴门画派"先驱的画家王绂年仅10岁，隐居惠山的可能性不大，故此猜测肯定有误。

美籍学者宋后楣《明初画家王绂的隐居与竹茶炉创制年代考》一文，通过考证王绂隐居惠山的年代，推测出"惠山竹炉"的创制时间为洪武壬申（1392），邵氏所记的"洪武壬午"应为"洪武壬申"的误写。

然而，邵宝在序中提及王绂在创制"惠山竹炉"之前曾"图庐山于秋涛轩壁"，此事在《惠山记》以及无锡的历代县志中都有记载，内容皆为绘制《庐山图》在创制竹炉之前。王绂《重过小姑山》一诗有云：

> 不到小姑今十年，望中风景尚依然。
> 庐山金削遥天外，汉水绿浮飞鸟前。
> 祠下女巫鸣赛鼓，沙头津吏候官船。
> 登临重觅旧题处，崖石岁深萝薛牵。

此诗作于永乐元年（1403），诗中表明王绂于10年前（洪武二十六年，1393）到过庐山，而"图庐山于秋涛轩壁"和"惠山竹炉"应是他从庐山归来之后所作。故宋后楣推测王绂于洪武壬申（洪武二十五年）创制竹炉，也存在时间误差。

事实上，我们仅能将"惠山竹炉"的创制时间定为洪武二十六年至洪武二十八年（1393—1395）之间，更确切的时间还需要进一步考证。

［明］王绂《秋林书舍图》轴　　　　　　［明］王绂《墨竹图》轴
美国克利夫兰艺术博物馆藏　　　　　　故宫博物院藏

［明］王绂《山亭文会图》轴　台北故宫博物院藏

明初创制的竹炉已经湮没于历史洪流中了，如今流传于世的只有后人的仿制品。不过，我们还是可以从现存的诗文以及相关的绘画作品中还原"惠山竹炉"的具体形制。据明代文人秦夔的《听松庵复竹茶炉记》载：

> 合炉之具，其数有六：为瓶之似弥明石鼎者一，为茗碗者四，皆陶器也；方而为茶格者一，截斑竹为之，乃洪武间惠山寺听松庵真公旧物。炉之制，圆上而方下，织竹为郭，筑土为质。土甚坚密，爪之铿然作金石声，而其中歉焉以虚，类谦有德者。熔铁为栅，横截下上，以节宣气候，制度绝巧，相传以为真公手迹，余独疑此非良工师不能为。

从秦夔的描述可以看出，"惠山竹炉"的造型与宋代绘画作品中的竹炉已经大有不同。"惠山竹炉"的造型更为雅致，上圆下方的造型符合中国传统文化中天圆地方的观念，带有一定的理学审美倾向。

"惠山竹炉"外以竹编、内以土制，这种制作方式显然受到了宋代在火炉外加以竹编装饰的影响。不过宋代竹炉的内部与竹编是分开的，"惠山竹炉"则合二为一，使其既具有雅致的外形，同时又能耐高温，可以说是成功的创新。

流传过程

大明洪武年间，无锡惠山寺住持性海、画家王绂，还有名医潘克诚，常在听松庵内品茗清谈。

听松庵，后世又称"竹炉山房"，创建于洪武七年（1374），位于惠山寺左，桃花坞下，旧址原为秀岭亭。性海在庵内种满了松树，每当微风徐来，就会发出簌簌的清响，与"听松"的庵名极为相称。性海颇为自豪地想到自听松庵建成之后，便常有文人慕名而至，与自己在这些松树下烹泉煮茗，有时也会有文人借宿庵中。一段时间，画家王绂便因目疾一直在此借寓静养。

恰在同一时期，一位湖州竹工前来拜谒性海。竹工听说性海嗜茶，于是自请为他制作一只茶炉，性海对这个提议感到十分欣喜。不久之后，竹工按照性海的要求，"织竹为郛，筑土为质"，制成一座高不及一尺、上圆下方的竹炉。这只竹炉除了造型十分精致外，煮茶时还会发出类似于松风的声响。

性海、王绂、潘克诚三人，一边把玩着茶炉，一边品尝着竹炉烹煮的"第二泉"。兴之所至，王绂写下《题真上人竹茶炉》记之，其诗中"气蒸阳羡三春雨，声带湘江两岸秋"之句，在此后数百年仍然传唱不衰。之后，王绂又创作了一幅《竹炉煮茶图》，其画与诗均裱在一个卷轴上，人称《竹炉图咏》卷。

性海想以茶炉会友，广结禅茶之缘，于是便走书东吴，邀请当时颇

后世刻本中的王绂《竹炉煮茶图》

有名望的学者王达为其作记。王达
接到信后，于洪武二十八年为性海
撰写了《竹茶炉记》。围绕着"惠
山竹炉"的题咏成为一时之盛事，
以至于那些不曾参与"竹炉雅集"
的文人也纷纷寄来唱和之作。

永乐初年，性海禅师迁往苏州
虎丘寺，将竹炉赠予友人潘克诚当
作临别纪念。而《竹炉图咏》卷仍
留于听松庵内，由性海之徒韶石珍
藏，之后慕名题咏者渐多。

"惠山竹炉"在性海赠予潘克
诚后，共留在潘家60余年。直到
成化年间，潘克诚去世，他的孙子
又将竹炉送给了一个名为杨孟贤的
富户。"惠山竹炉"由佛门清净地
沦落于城中右族，湮没无闻数十年
之久。在此期间，惠山寺僧人以
及无锡乡贤秦旭等人都曾寻访过竹
炉，可惜均无疾而终。

在杨孟贤去世三年后，成化
十二年（1476）冬，时任武昌太守
的秦夔回京述职，途经故乡无锡。
秦夔为秦旭之子，幼年时常听父辈
们谈起山中的竹炉故事，可惜一直
无缘相见。一日，秦夔借宿听松
庵，当时惠山寺住持听松庵的僧人

［明］沈贞《竹炉山房图》
辽宁省博物馆藏

为性海的孙子戒宏。思及竹炉往事，秦夔铺纸磨墨，书成《听松庵访求竹茶炉疏》。

后来，戒宏持此疏在无锡城中寻找竹炉下落。几经周折，终于在杨孟贤兄长杨孟敬处访得此竹炉。竹炉尚未损坏，只是4只陶土制的茶碗不见了。待竹炉寻回之后，秦夔提议将其贮藏于惠山听松庵的秋声阁内，并且作《听松庵复竹茶炉记》，以记其事。

成化十三年（1477）春，秦夔由无锡返回京师，他似乎还沉浸在竹炉失而复得的喜悦之中，在京师中偶遇乡友时便迫不及待地谈及此事。不久之后，秦夔寻访竹炉的事迹在京城官绅之间传播开来，李东阳、陆简、程敏政、李杰、谢铎、邵珪等数十人皆有和诗。

成化十五年（1479），诗人吴宽在回京途中经过无锡，同友人秦夔、李应祯等人一同游览惠山。秦夔知其嗜茶，于是一同游览听松庵，赏玩竹炉，酌"第二泉"。吴宽非常喜欢这个造型古朴的茶炉，他拿出随身携带的新茶，让山僧生火烹煮。不过，此时的"惠山竹炉"已经历经了近90年的时间，尽管寺僧小心地呵护，还是有了损坏的痕迹。

回京之后，吴宽对于"惠山竹炉"一直念念不忘。成化十九年（1483），他于刑部右侍郎盛颙的府邸中再次见到了竹炉。然而，吴宽很快便意识到，尽管规制十分相似，但眼前的这个竹炉并非"惠山竹炉"原件，乃是盛颙的侄子盛虞仿制之物。不过眼前的竹炉，还是让吴宽回想起当年在听松庵饮茶的经历，竹炉煮茶的味道似乎还萦绕在舌尖。

见吴宽对竹炉极为爱赏，故在他启程回江南时，盛虞又特别制作了一只竹炉相赠。此后，盛虞仿制的这两只竹炉历经辗转，最终也保存于惠山听松庵内。

随着文人题咏的逐渐增多，"惠山竹炉"声名远扬，竹炉之名几乎与"第二泉"并驰海内，可惜"惠山竹炉"并没有被长久地保存于听松庵内。隆庆年间，听松庵毁于火，所幸竹炉和图咏卷尚存，当时的秦夔后人秦榛将竹炉和图咏卷移至二泉书院的讲堂内，仍交给惠山寺僧人典守。

秦榛死后，讲堂逐渐败落，由其子秦秋出资修葺二泉讲堂，继续守护竹炉和图咏卷。但不久后，二泉讲堂也被有权有势者拆去，竹炉和图咏卷又流落于外。

又经秦秋和时任无锡知县李复阳的不懈努力，"惠山竹炉"和《竹炉图咏》卷继续在惠山寺内寻得一喘息之地。然而好景不长，明末时期由于寺僧典守不慎，竹炉和图咏卷再次遗失，无奈当时正值国事蜩螗，它们的遗失并未引起人们的关注，更不会有人访寻。

大清康熙二十三年（1684），无锡词人顾贞观在惠山脚下构筑积书岩，"累石疏泉，颇得幽居之乐"。当时，性海所制"惠山竹炉"早已遗失，盛虞仿制的两只竹炉也已经损坏，惠山的竹炉煮茶的文化传统几至形神俱灭。思及此，顾贞观便打算按照旧制重新仿制两个竹炉，再开"竹炉雅集"。

为了进一步增强此次"竹炉雅集"的影响力，顾贞观将其中一个竹炉置于积书岩内，携带另一只竹炉前往京师，与京中文士题咏唱和，纳兰性德、梁佩兰、吴雯、秦保寅等人皆有和诗。更为传奇的是，好友纳兰性德当时新得一手卷，正是王绂的《竹炉图咏》卷。目睹这件久觅不得的佳物，顾贞观大为兴奋，纳兰性德只好忍痛割爱将此送给了顾贞观。不久之后，纳兰性德去世。

康熙二十五年（1686）秋，顾贞观携带竹茶炉，去北京海波寺拜访好友朱彝尊。恰巧姜宸英、周贫、孙致弥三位诗人也在寺中，于是五人于青藤下烧炉试茶，并兼怀好友纳兰性德。再后来，顾贞观把仿制的竹炉和纳兰性德赠予的《竹炉图咏》卷均交付听松庵珍藏。

雍正十年（1732）冬，惠山寺僧人松泉于一户张姓农家访得性海所制"惠山竹炉"原件。张氏祖上亦为惠山寺僧人，后还俗归田，携竹炉以及其他茶具归家，其他茶具已经遗失，但是竹炉毫发无损。松泉为高僧性海之后人，使得这次竹炉失而复得的经历更具传奇色彩。

然而，松泉所得竹炉是否为性海旧物，有待商榷。竹炉虽被文人视

[清·雍正] 紫砂胎包漆描金彩绘方壶　故宫博物院藏

为煮茶雅器，但竹力朽弱，难以久存。因此性海所制竹炉要在火灾、战乱这种复杂的环境中保存300余年而不损坏，几乎为不可能之事。而且在前人的记载中，性海竹炉早已经有了毁坏的迹象，所以松泉所得竹炉为性海原件的可能性并不大。

　　至于乾隆皇帝对于"惠山竹炉"和《竹炉图咏》卷的关注，无疑将惠山的竹炉文化推向一个新的高潮。他六次南巡，均往惠山以竹炉烹茶，并有题诗。对于"惠山竹炉"的喜爱，用痴迷来形容并不为过，《乾隆南巡秘记》说：

　　　　啜茗于竹炉山房时，案列古玩，皆不注视，惟于古竹茶炉，再三抚玩。既至苏，特命取观，选竹工如式制二，原炉仍发还山中，命寺僧谨守之。

　　乾隆皇帝认为所见竹炉为性海原物，但事实上性海竹炉早已损坏，他见到的不过是个仿制品罢了。在苏州仿制的两只竹炉也被他带回京师，置于玉泉山静明园竹炉山房和天津盘山行宫静寄山庄千尺雪内。现在的北京故宫博物院，仍藏有一只他当年仿制的竹炉。

　　此外，乾隆皇帝还于1751年制作过三件造型奇特的烹茶图御题诗句紫砂壶，今亦藏于北京故宫博物院。三壶造型独特，腹部两面一面开光人物烹茶图，一面是御题诗《惠山听松庵用竹炉煎茶因和明人题者韵即书王绂画卷中》。

到了乾隆四十四年（1779），王绂的《竹炉图咏》卷毁于一场意外的火灾。乾隆皇帝心疼不已，命永瑢、弘旿、张宗苍、董诰等人补绘，甚至自己还动手补绘了一部分，装裱好后又放回惠山寺听松庵保存。

咸丰十年（1860），无锡遭太平国大军攻占而城陷，听松庵亦毁于战火，所存竹炉和乾隆皇帝补绘的《竹炉图咏》卷俱遗失。至此，"惠山竹炉"的传说暂告一段落。

［清·乾隆］烹茶图御题诗句壶
故宫博物院藏

［清·乾隆］金银彩山水图小壶　故宫博物院藏

赏玩文化

"惠山竹炉"的造型被认可之后,明清两代多有文人仿制。从现存的明清文人绘画中可知,当时流行的竹炉形制主要有两种:其一是明代画家王问《煮茶图》中所绘的方形竹炉,炉侧附有一出烟口;其二是明代画家丁云鹏《煮茶图》中所绘的上圆下方的竹炉,此为更常见的款式。

王问为无锡人,晚年曾隐居惠山听松庵,借得地缘之便,深受"惠山竹炉"文化的影响,所以其画中竹炉应该是由"惠山竹炉"衍生发展而来。而丁云鹏所绘竹炉形象与盛颙《王友石竹炉并分封六事》中的"苦节君像"极为相似,应与"惠山竹炉"原件更为接近。

如前文所述,"惠山竹炉"应是在宋代竹炉的基础上发展而来的,但是上圆下方的造型设计则为性海等人首创。"惠山竹炉"自创制以来便深

王问《煮茶图》中的方形竹炉

丁云鹏《煮茶图》中的上圆下方的竹炉

受文人喜爱，成为明清两代茶事活动中最为推崇的煮茶器具。其古朴典雅的造型和内含的文化意蕴，契合了明清文人的审美品位，受到文人的推崇当在情理之中。

"惠山竹炉"外以竹编、内以土制的独特构造，充盈着匠心巧思，迎合着文人趣味。正如钱福在《竹炉新咏引》中所言，"大要奇古，为诗家之共癖"。而"惠山竹炉"的脱俗形制，无疑是引起文人关注的首要因素，在早期的竹炉诗文中，文人的关注点也多集中于竹炉本身，如陆质的《竹茶炉和诗》曰：

> 湘竹编成胜冶成，紫芝诗里见佳茗。
> 炭明尚讶筛金影，汤沸还疑戛玉声。
> 涧底屡烹尘可敌，径中一啜思俱清。
> 吴兴紫笋今为伴，好约松梅结素盟。

此诗描绘了陆质观看竹炉煮茶时的体验，这显然已经脱离了"惠山竹炉"的实用功能，而是将其作为一种赏玩对象，仔细端详。此时，人们对于"惠山竹炉"的态度已经发生了改变，"惠山竹炉"已经开始从实用之器进入了赏玩之器的行列。

王达在《竹茶炉记》中，更是直接指出了"惠山竹炉"的"品高质素"和"迥出尘表"：

> 夫物之难齐甚矣，尊罍以酒，鼎鼐以烹，此盖适用于国家之用。尤可贵者，若斸鼎以石，制炉以竹，亦奚足称艳于诗人之口哉。虽然尊罍鼎鼐，世移物古，见者有感慨无穷之悲。竹炉石鼎，品高质素，玩者有清绝无穷之趣，贵贱弗论也。且竹无地无之，凌霜傲雪，延蔓于荒蹊空谷之间，不幸伐，而筥箄筐筐之属，过者弗睨也。今工制为炉焉，汲泉试茗，为高人逸士之供，置之几格，播诸诗咏，

比贵重于尊罍鼎鼐，无足怪矣。初禅师未学也，材岂异于人人，及修持刻励，道隆德峻，迥出尘表，为江左禅林之选，亦竹炉之谓也。

就明清文人的赏玩习惯而言，"尊罍鼎鼐"因具有丰富的历史信息和文化价值，一直都被视为展现文人高雅趣味的器物。王达却将"惠山竹炉"与"尊罍鼎鼐"相并列，认为两者不分贵贱，可见"惠山竹炉"在其眼中亦是能够展现文人品位的雅器。而竹炉不仅造型雅致，亦含有丰富的哲学理念，只有那些学识渊博的文人才能懂得其价值，进而体味"清绝无穷之趣"。

在明清文人的竹炉诗文中，也常常会看到以竹炉煮茶作为凸显文人生活品位和身份象征的诗句，如陈璚的《竹茶炉》诗：

> 几年林下煮名泉，携向词垣试一煎。
> 古朴肯容铜鼎并，雅宜应制笔床前。
> 席间有物供吟料，桥上无人复醉眠。
> 顿使士林传盛事，儒家风味此中全。

陈璚对于"惠山竹炉"的使用环境和摆放位置都十分讲究，流露出一种对"雅"的品位追求，而诗中也不断强调竹炉与诗歌创作之间的联系。由此可看出，"惠山竹炉"与文人身份相适宜。"惠山竹炉"的出现，满足了文人对于高雅品位的追求和身份区隔的需求，因此成为象征文人雅趣的符号。

事实上，"惠山竹炉"在创制之初，就已经被性海禅师赋予了传扬佛法、"引群贤入道"的期待，王达在《竹炉清咏序》中云：

性海禅师结庐于二泉之上，清净自怡，淡泊自艾，裁凌秋之碉竹，制煮雪之茶炉，远追桑苎之风，近葺香山之社。因事显理，必

[明] 王绂《画观音书金刚经合璧》卷　辽宁省博物馆藏

欲续慧命以传灯；托物寓真，无非引群贤而入道。清风一榻，扫开
万劫之尘埃；紫笋三瓯，涤尽平生之肺腑。论其事业，诚不让于远
公；勘彼规模，实无惭于支遁。名于永世，其势灼然；道播诸方，
此心广矣。不然何诸公入咏而成章，获一时趋风而尚德。

　　王达的这段序文凸显了"惠山竹炉"的彰显佛理、引群贤入道的物
质载体功能。在此，竹炉煮茶也不再是局限于日常生活的饮茶行为了，
而是暗含赵州和尚"禅茶一味"的修行理念。

　　这些文人所作的竹炉诗文中，除了蕴含着"禅茶一味"的理念之外，
亦有借竹炉来称颂文人高尚品格的诗句，如陶振"烧杀岁寒心不改，通
身清汗下淋漓"，牧云子德瑸"料得虚心宁恋土，从教劲节久存灰"，卞
孟符"不随冷暖移贞操，已抱平安度劫灰"等。

　　此外，"惠山竹炉"的竹子材质，也常常成为文人借以发挥的主题。
明人顾元庆在《茶谱》中更是将竹炉称为"苦节君"，进而赞美其饱受烈

焰炙烤而不发生变形的高尚品格。此时的"惠山竹炉",已经开始被文人视为宣扬佛法或是寄寓道德情操的物质载体了。

而随着时代的发展,赏玩器物逐渐成为一种展现文人风雅的生活方式。文人对于器物的态度也发生了改变,在宣扬佛法和寄寓道德情操之外,在器物赏玩中开始注入文人自身的审美观念和人生价值追求。如盛颙《竹炉三首 其二》:

> 一片龙团一勺泉,石分新火趁炉煎。
> 绿云擘破先春后,玉杵敲残午夜前。
> 仙液尝来欲飞越,寒涛听处不成眠。
> 这回唤醒闲风月,可卜归田乐事全。

同样是借"惠山竹炉"来传达情志,盛颙却不再以一种"君子可以寓意于物,而不可以留意于物"的态度,与"惠山竹炉"保持着一定的距离。此诗中作者完全遵循自己的欲望,沉湎于竹炉煮茶之中,并借由"惠山竹炉"表达了对于闲适生活的向往。

再如程敏政《竹茶炉卷 其一》:

> 新茶曾试惠山泉,拂拭筠炉手自煎。
> 拟置水符千里外,忽惊诗案十年前。
> 野僧暂挽孤帆往,词客遥分半榻眠。
> 回首旧游如昨日,山中清乐羡君全。

在此诗中,程敏政由眼前新制的竹炉,回想起数年前游览惠山,汲泉烹茶之乐,并借由竹炉表达了内心深处对于归隐山林的渴望。

［清］董邦达《弘历松荫消夏图》局部　故宫博物院藏

［清］张宗苍《弘历行乐图》局部　故宫博物院藏

余语

不难看出，由于"惠山竹炉"独特的造型以及失而复得、不断重制的传奇经历，可以让明清文人从多个角度对其进行解读。明清文人在题咏竹炉时，对于其内在文化意蕴的关注要远胜于其外在形制，这是"惠山竹炉"从实用之器转变为赏玩之器的关键所在。而随着文人不断地题咏传播，"惠山竹炉"更是脱离了物质形体，成为一种茶事文化的象征。

第十二章

国博藏供春款树瘿壶疑云

至明朝，中国的饮茶之风由唐宋以来的华丽精致转变为自然淳朴，所饮之茶也由团茶转变为散茶。因此，"既不夺香，又无熟汤气"，适合冲泡的宜兴紫砂壶异军突起，盛极一时，士人品饮多以陶壶为风尚。在明人周高起（1596—1645）所著的第一部紫砂壶专著《阳羡茗壶系》一书中，有云：

> 近百年中，壶黜银锡及闽豫瓷，而尚宜兴陶，又近人远过前人处也……至名手所作，一壶重不数两，价重每一二十金，能使土与黄金争价。

而"名手"供春（或作龚春），长久以来被列为紫砂壶"正始"大家，其所作供春壶更是"世间茶具堪为首"。

"正始"大家

对紫砂壶的助茶之功，周高起在《阳羡茗壶系》中的记载甚为生动详细：

> 壶供真茶，正在新泉活火，旋瀹旋啜，以尽色、声、香、味之

蕴……汤力茗香，俾得团结氤氲；宜倾竭即涤去厥淳滓。乃俗夫强作解事，谓时壶质地坚结，注茶越宿，暑月不馊，不知越数刻而茶败矣，安俟越宿哉？

在紫砂壶历史上，被视为"正始"大家的供春无疑是一位最具传奇性的人物。由于其生平细节的神秘与未知，以至于在日本学者奥兰田著作《茗壶图录》时，为这本书作序的毅堂山长宣光竟由此上推而演绎出一个子虚乌有的"注春师傅"来，从而也在某种程度上更增添供春其人的恍惚性。

根据《阳羡茗壶系》所载，"供春，学使吴颐山家青衣也"，"世以其孙龚姓，亦书为龚春"。"青衣"在古代意指婢女，因书僮常着青衣，亦可指书僮。清代藏书家吴骞在《阳羡名陶录》一书中认为周高起误以供春为婢而称青衣，遂改称"家僮"，此"青衣"绝非戏剧人物中的"青衣"。

吴颐山即吴仕，字克学，一字颐山，号拳石，宜兴人，正德九年（1514）进士，以提学副使擢四川参政，著有《颐山私稿》传世。早年"颐山读书金沙寺中，供春于给役之暇，窃仿老僧心匠，亦淘细土抟坯，茶匙穴中，指掠内外，指螺文隐起可按，胎必累按，故腹半尚现节腠，视以辨真"。《阳羡茗壶系》对供春创始紫砂壶的情境描写极细，其壶则"今传世者，栗色暗暗如古金铁，敦庞周正，允称神明垂则矣"。

继《阳羡茗壶系》之后，吴颐山的侄孙、清代文人吴梅鼎作《阳羡茗壶赋》赞曰：

爰有供春侍我从祖，在髫龄而颖异，寓目成能；借小伎以娱闲，因心絜矩。过土人之陶穴，变瓦甀以为壶，……彼新奇兮万变，师造化兮元功。信陶壶之鼻祖，亦天下之良工。

自此，一举奠定了供春作为紫砂壶"正始"大家的历史地位，并被此后的紫砂艺人和文人摹刻所推崇，其盛名至今不衰。

供春的传奇在于他是以一个天才童仆的形象而进入紫砂历史的，而更为奇怪的是，他的形象就此凝固，仿佛是一个永远不会长大的孩子。在后来的相关记述中，并没有更多关于这个紫砂"正始"大家的新的线索，而这显然非同寻常。

清代刘鉴在《五石瓠》中有一篇《宜兴壶谱》，明确写道：

> 宜兴沙壶创于吴氏之仆曰供春者，及久而有名，人称龚春，其弟子所制更工，声闻益广，京口谈长益（允谦）为作传。

此篇特别提到明末清初遗民诗人谈长益，说他曾为供春写过一篇传记。据《镇江市志》记述，谈长益少年能文，与明末清初著名文人方文、张养重、梅磊、顾景星、冒襄、阎尔梅、丁耀亢、潘陆等文士交游甚密，且与被誉为"江左凤凰"宜兴籍著名词人陈维崧亦有来往。但遗憾的是，谈长益所著"供春传记"今已无存，其内容不得而知。

不过，今人韩其楼在其《紫砂壶全书》中倒有一段绘声绘色的描写，大概是以周高起《阳羡茗壶系》所记为蓝本，不免有添枝加叶之嫌。在谈到供春与供春壶时，他进一步写道：

> 有一次，供春做的壶被主人吴颐山看到了，以为质朴古雅，便叫供春照样再做几把，一面又请当代名流加以鉴赏。不消几年，供春竟然出了名，他的作品为时人所珍爱，收藏家竟相搜购。从此，供春就离开了吴颐山家，摆脱了仆僮的生活，专门从事制陶事业。他的制品也被称为"供春壶"。

由于缺少相关历史文献记载，以上的故事描述肯定掺杂着作者的浪漫想象和随意杜撰的成分，不足为信。

事实上，我们不但对供春其人了解甚少，对供春所制之壶亦缺乏认知。即便是《阳羡茗壶系》的作者周高起，也没有见过真正的供春壶，他只是在吴仕裔孙吴闾卿的书斋"朱萼堂"看到了时大彬所仿制的"供春式"砂壶作品。同样，《阳羡名陶录》的作者吴骞也自叹福薄，无缘一见供春壶。还有清代著名的金石学家、书法家张廷济，一生好收藏，阅壶无数，在其所著《清仪阁杂咏》中竟也声称无缘一睹供春壶真容。

由此可见，供春所制之壶存世数量并不多，但也不能就此说世间已无供春壶。根据明人文震亨《长物志》的记述，其中有"供春最贵，第形不雅，亦无差小者"的评语。尽管文震亨对供春壶的器型评价不高，但他应该是见到过真正的供春壶，否则如何将供春与时大彬相比较。毕竟文震亨所处的时代是在明末，要比吴骞与张廷济早出很多年，而且其家境优越，或许比同时代的周高起更有机会看到真正的供春壶。

宜兴地区有着悠久的冶陶史，可以追溯到陶朱公范蠡，甚至更为久远。但让紫砂壶由初创时一般民间粗糙的手工业品上升为士人们喜爱的日用工艺美术品，其功当首推供春。

传说中的供春虽出身贫贱，但才智巧思，迥异常人，所制茗壶古朴风雅，曾创"龙蛋""印方""刻角印方""六角宫灯"等新式样。同时他改进制壶工具，"削竹为刃""斫木为模"，提高了制壶技术。

供春之壶，后世颇为爱惜珍重，明张岱《陶庵梦忆》甚至将之与商周古鼎并列：

> 宜兴罐，以龚春为上……一砂罐、一锡注，直跻之商彝、周鼎之列而毫无惭色，则是其品地也。

清代诗人周澍《台人品茗》有言：

寒榕垂荫日初晴，自泻供春蟹眼生。

疑是闭门风雨候，竹梢露重瓦沟鸣。

并有注曰"最重供春小壶……一具用数十年，则值金一笏"。正所谓，"供春之壶，胜于金玉"是也。

自供春以后，制壶名家有董翰、赵梁、元畅、时朋"四名家"，皆为制壶高手，但作品罕见。四家之后，名辈频出，其中以时朋之子时大彬技艺最高，他所制的茶壶，"不务妍媚，而朴雅坚栗，妙不可思"，史称大彬壶。

[明]时大彬款紫砂雕漆四方壶
故宫博物院藏

[明]时大彬款紫砂雕漆提梁壶（残）
故宫博物院藏

供春树瘿壶

相传宜兴实业家储南强所收的树瘿壶，因錾下有"供春"二字铁线小篆刻款，被认为是现存唯一的供春传器。此壶以外形似银杏树瘿状而得名，高10.2厘米、宽19.5厘米，造型古朴精工，温雅天然，质纯薄坚实。壶身作扁球形，泥质成素色，凹凸不平，古绉满身，纹理缭绕，寓象物于未识之中，大有返璞归真的意境。

［明］供春款树瘿壶　中国国家博物馆藏

储南强（1876—1959），字铸农，又名青绾，别号简翁，江苏宜兴人，清代拔贡。早年热心教育事业，在乡里兴学，先后创办"知新小学""劝学所"等。民国初期，被推举为宜兴县民政长，曾两任南通县知事，并三度当选为江苏省参议员。执政期间多有建树，深受地方拥戴。50岁时，登报声明，脱离仕途，专心投入宜兴古迹善卷洞、张公洞的保护开发。

关于树瘿壶的流传经过，储南强自有记述：

强上年（1923）客吴门，忽邂逅得供春壶。壶为山阴傅权和氏所藏。傅之前，藏西蠡费氏（念慈）。西之前，藏愙斋（吴大澂）。又前出于沈韵初。沈之前，尚待考。昔日吴兔林（吴骞）著《阳羡名陶录》，搜罗甚广，而未见供壶。张叔和（张廷济）见壶亦多，而《清仪阁杂咏》尤叹息供壶世已无有。乃神物忽来，重返故里，宁不可庆。将来拟予西溪上建春归阁以贮之。先乞君（潘稚亮）篆印为券。君篆竟，亦自喜为得意之作。

由于壶盖久失，吴大澂当年曾请黄玉麟配制过。壶归储氏后，因为配盖和壶制不称，携带到上海，商诸黄宾虹，请当时名手裴石民另配，即现存的壶盖。盖的外沿，有制印师潘稚亮镌刻的两行隶书铭文：

作壶者供春，误为瓜者黄玉麟。五百年后，黄宾虹识为瘿，英人以二万金易之而未能，重为制盖者石民，题记者稚君。

储南强在得到供春壶后，还请潘稚亮刻了一方"春归"之印，寓意供春归来，并拟于家乡西氿建春归阁珍藏，留有《请潘稚亮刻"春归"二字而作绝句》为证：

供春壶已世无闻，前辈皆尝如是云。
神物忽来奇兴发，春归二字剧芬芳。

后因时局动荡而计划搁浅，为避日本人觊觎掠夺，遂携壶而隐。至1952年，储南强把一生所有集藏捐献给国家。而此前，他已将倾注心血的两洞无偿移交政府。其在《储南强捐献所藏珍物简目》的跋中写道：

本人以年齿就裏（时年77岁），子孙皆效力公家，无继续之意趣。若举赠好友，或苦于不均；安置名山，又不易保障。遂乘各地提倡保护文物之际，决于贡献本色邑社团。一生下世，便算收场……物皆稀世，愿共视而为珍；艺有专长，皆卓绝于今古。

据了解，当初储南强与苏南文管会洽谈，30件珍品悉数由苏南文管会接收后转至南京博物院。其中的一件神品紫砂"圣思桃杯"仍在南京博物院，已成为镇院之宝。而国宝级文物"供春树瘿壶"现收藏于中国国家博物馆，供世人瞻仰。

南京博物院收藏的这件圣思桃式杯，由桃树的枝干、桃叶、桃花和小桃组合而成，杯外的凸雕装饰及杯的底部有强烈的立体感，构思巧妙。储南强也曾于1924年请裴石民为此杯配置底座，并有题记说"圣思，相传为修道人，姓项，能制桃杯，大于常器，叶、花、实、干无一不妙，

[明末清初] 圣思紫砂桃形杯　南京博物院藏

见者不能释手"。想必项圣思喜作凸雕装饰之器物，且技艺精湛。

现在谈到供春壶，大家必举树瘿壶作例子，但是这把壶的鉴别问题，仍不免有所争议。这把供春树瘿壶现世后，上海的施镇昌在1941年也得到了一把相似的壶。以后又陆续出现了多把同类款式的供春壶，分别为龚心钊、袁体明、宣古愚和吴湖帆等人所收藏，这种雨后春笋般的现象不能不让人感到惊讶。

与此同时，人们从供春树瘿壶的泥料质地、制作工艺、壶型大小和烧成等方面提出疑问，并认为均不符合历史典籍所记载的供春壶的艺术特征。而这把壶在被储南强收购之前，确实曾被多人收藏。

早在1937年，李景康、张虹合编《阳羡砂壶图考》中记此壶：

　　旧存沈树镛（韵初）家，继归吴愙斋，后归费念慈（屺怀）转

[清初]项圣思款梅花诗句杯
故宫博物院藏

[清·嘉庆]陈圣恩款凸雕佛手诗句杯
故宫博物院藏

[清末]黄玉麟款树瘿壶　故宫博物院藏

傅氏，民国十七年，始归储氏。吴愙斋所仿者俱此式。

吴大澂，号愙斋，是清末金石学家、文字学家，也是砂器的爱好者，曾延请壶艺名手黄玉麟仿制过砂壶，前后共8个月。李景康、张虹直言"吴愙斋所仿者俱此式"，又说"然以龚（供）春之价重，仿造者必众矣"，都暗示储氏的树瘿壶出于吴大澂或后人的仿制。《宜兴县志》亦载，黄玉麟在吴府"得观彝鼎及古瓷器，艺日进，名亦益高"。况且，最初供春树瘿壶的壶盖为黄玉麟所配。种种迹象表明，此壶的创作者很可能是黄玉麟，而非供春。

当代紫砂宗师顾景舟原来一直认为此供春树瘿壶是真品，但在其弥留之际又说是黄玉麟所作，而早在其《宜兴紫砂壶艺概要》一文中就写道：

[清] 吴大澂款刻诗句端把壶（底款"愙斋"）故宫博物院藏

[清光绪] 吴大澂款刻花题字壶（底款"愙斋"）故宫博物院藏

这里要旁及一个问题，就是黄玉麟所制供春壶，大半个世纪以来，引起中外砂艺爱好者莫大的轩轾，弄得好事者穿凿附会，大做文章，至混淆视听，以讹传讹。

当代另一位紫砂大师徐秀棠在其著作《宜兴紫砂五百年》中，对供春树瘿壶有着更为透彻详尽的分析与判断，亦提出疑问。一时间，供春树瘿壶的真伪问题，变得疑云重重。

此外，现藏香港茶具文物馆的一款六瓣圆囊壶，其底刻有"大明正德八年供春"八字楷书款，据说也是供春所制。此壶高9.6厘米、宽11.8厘米，器型规整，壶身由六浅瓣构成，至肩身处渐没，流、柄、盖、底比例和谐。壶呈赭色，间有金砂闪点，色彩雅致，气韵非凡。若以此壶置几案上，则不逊大彬壶之意境。此壶上铭文，论者多认为非出供春手笔，其"笔法富晋唐贴意"，推测应为当时文士仿唐代大书法家欧阳询的笔法所题款识。不过，

［近代］徐秀棠"蓬莱" 故宫博物院藏

此壶在很多方面与供春树瘿壶有相似的疑点，亦基本上排除了为供春亲手所制的可能性。

除了上述两件传世实物外，关于供春壶，我们就只能从文献记载里与后世紫砂艺人所仿制之器中想象供春壶的风韵气度了。吴梅鼎《阳羡茗壶赞》中对供春壶式也略费笔墨，特意提到"龙蛋"和"印方"壶式：

> 圆者如丸，体稍纵为龙蛋；方兮若印，角偶刻以秦琮。脱手则
> 光能照面，出冶则资比凝铜。

明代著名收藏鉴赏家项元汴在《项氏历代名瓷图谱》中提及供春褐色与朱色两壶，推为至宝，但未明其壶式。时大彬初以"仿供春入手"，已知存世的大彬壶中有仿供春"龙蛋"壶，现藏香港茶具文物馆。此壶简洁大方、古朴雅致，设计风格和泥色材质都与六瓣圆囊壶颇有异曲同工之妙，虽署名款识不同，却似出一人之手。

至此，真正的供春壶是何面目，我们仍不得而知。倒是徐秀棠在大量研究与考证的基础上归纳了供春壶所应具备的特征：

受水半升以上的大壶，颜色"栗色暗暗，如古金铁"，线条简洁明快，质地粗，较缸胎为细，因为附陶瓷烧成，外表不免沾有飞釉。

而这样的砂壶，非常接近明代太监吴经墓出土的紫砂提梁壶的工艺特征。但这样的壶，是否能担当得起"允称神明垂则矣""彼新奇兮万变，师造化兮元功"的赞誉？

［明］紫砂提梁壶　1965年南京中华门明代嘉靖十二年
（1533）司礼太监吴经墓出土　南京博物院藏

"世间茶具堪为首"

正是因为供春在明清以来的文献中久负盛名，其壶又难觅踪迹，更使紫砂壶"正始"的历史给人以扑朔迷离之感。恰恰在20世纪供春树瘿壶出现之际，对该壶考辨的同时，对供春其人的质疑也随之产生。

《阳羡砂壶图考》一书中首先发难，其在"雅流"篇中谈到吴仕时写道：

> 然供春仅一家僮，能作树瘿、仿古诸式，款识"供春"二字亦书铁线小篆，倘非颐山研求式样，代为署款，恐难臻此。《壶系》以颐山小传附于供春传，以主附仆，体制究有未安，今特拨置雅流壶艺之首，想为有识者所韪也。

这是自明代周高起《阳羡茗壶系》以来，对供春作为年少书僮能成就砂壶创始之功的第一次质疑。而此前出现的相关文献，仅是在文震亨《长物志》中对供春壶器形的不满，称其"不雅"。

前文提及的顾景舟，是当代唯一可与时大彬、陈鸣远、邵大亨等历史上的紫砂大家相比肩的一代宗师，他不仅精于壶艺，也精于鉴赏。顾景舟对供春壶有着独到的见解，其一生过眼的供春树瘿壶有13把之多，在仔细鉴别之后断定它们均非真品，甚至进一步认为"供春"仅为壶名而已。高英姿所著《中国工艺美术大师顾景舟：紫砂壶》一书中，对此有所解释：

> 顾景舟曾指"供春"或为壶名，非人名。类似有"春供"之意。又或此供春壶式仅为寄托对初创者的纪念。生前一直在作相关考证。

不难看出，顾景舟不仅认为传世的供春树瘿壶为黄玉麟所制，而供春作为紫砂壶"正始"也是值得商榷的。遗憾的是，顾景舟的这种见解一直未能形成研究文章面世。

另一位从理论角度对供春和供春壶提出异议的，是原南京博物院副院长宋伯胤。宋伯胤长期在博物院工作，在陶瓷研究方面颇有建树，20世纪80年代他兼及紫砂研究，出版有《紫砂苑学步：宋伯胤紫砂论文集》和《宋伯胤说紫砂》两部专著。宋伯胤曾在《试论宜兴紫砂陶器产生的历史背景》一文中，首次明确提出"供春绝非砂壶创始者"和"供春制器疑点多"的学术观点。宋伯胤依据周高起《紫砂茗壶系》一书，认为

腹款"子孙鼎"

［清末］黄玉麟款刻字覆斗式壶
故宫博物院藏

底款"玉麟"

供春树瘿壶的泥料、工艺、款识与文献记载均不符，并且在金沙寺僧、与供春之前，尚有不知名的制壶艺人未被记载。而丁蜀蠡墅村的羊角山考古发现，也可佐证这一观点。

元末蔡司霑《霁园丛语》中有云：

> 余于白下获一紫砂罐，有"且吃茶、清隐"草书五字。知为孙高士遗物。每以泡茶，古雅绝伦。

据《松江县志》载，孙高士即孙道明，生于元大德元年（1297），字明叔，号清隐，博学好古，藏书万卷，"且吃茶处"为其居所名。此"紫砂罐"应为紫砂壶，和明代画家徐渭《某伯子惠虎丘茗谢之》一诗中的"紫砂新罐买宜兴"所指应为同一物。对此，陈茆生在《紫砂新"罐"是紫砂"壶"》一文中有较为详细的解释。这似乎表明，元代即已有紫砂壶的生产。

腹款"香液袭，玉露汲；雨前采，箬为笠"

[清末] 黄玉麟款诗句壶
故宫博物院藏

底款"玉麟"

　　更为深入的研究则是来自中国台湾的学者徐鳌润。徐鳌润，原名敖顺，号宜荆客，字文，生于宜兴张渚下浮桥木塘巷蒋宅外公家。1949年移居台湾，他对其家乡宜兴怀有极深的感情。徐鳌润是一位从事文史写作与历史研究的资深人员，晚年致力于紫砂文化研究，遍稽群籍，搜集史实，辨其真赝，终结丰硕成果，尤能成一家之言。徐鳌润所著的《徐鳌润紫砂陶艺论文集》收录了他关于供春、时大彬、许龙文、邵大亨等的研究论文，被吴光荣、黄健亮等人誉为"紫砂壶史研究的开拓者"和"紫砂迷雾中的擎灯者"。

　　徐鳌润的观点呼应了顾景舟的见解，即认为供春是壶名，而非人名，因此并不存在供春其人。在其《供春壶史初考：吴仕书僮真名朱昌而"供春"为壶铭绝非人名》一文中，以大量的篇幅及许多此前鲜为人知的历史资料来证明供春其人并不存在，所谓供春是紫砂"正始"的说法也纯属虚构，并指出吴仕在紫砂创始历史上的巨大作用。

据清嘉庆二年丁巳（1797）《重修宜兴县旧志》卷末逸闻篇载：

> 吴颐山，正德丁卯发解南畿，试录即以元卷改作程，而文肃公
> 俨是科典试北闱，首程实出其手。兄主北，弟冠南，两京程式出自
> 一家，一时传为盛事。颐山历官学政，预决元魁，十不失一。河南
> 尚维持父以事系狱，维持侍父图圄，不得就试。按君某来监临，问
> 颐山曰：今科举子何人是元？答曰：无出尚维持之右。按君查册尚
> 无名，即行牌提取应试，迨放榜尚（维持）果第一，联捷官御史。
> 来巡江左时，颐山已逝，有嗣子（吴駧）谋害公孤（吴骍，吴敦
> 复），家人朱昌等诉状，尚（御史）亲至颐山公宅（朱萼堂，在宜兴
> 县城内），升堂悬遗像拜哭，即为分析遗产，孤始得成立。颐山旧仆
> 朱昌，为公所倚任，后卒赖其力，门户所以全。朱有子三：长本吴，
> 入籍杭，万历丙辰进士，后官陕藩。次宗吴，甲午举人，德安知县；
> 三怀吴，庚子举人，邵武同知。

文中提到的吴仕家人"朱昌"与其诸子之名，亦见于《浙江通志》
与《钱塘县志》，但均未有关于制壶的记载。如果吴仕的书僮名叫"朱
昌"，而"朱昌"又并未制壶，那么"供春"就只是指一种以"供春"命
名的壶式，而非指人的名字。"供春"之意，乃是指"壶供真茶"，所谓
"真茶"即明太祖洪武二十四年（1391）九月十六日下诏废团茶而改贡的
叶茶。又或许，"供春"二字的灵感取自吴仕好友沈周《落花诗》中的
"供送春愁到客眉"。

徐鳌润还认为，"供春壶"为吴仕在大潮山福源寺（而非前人所说的
金沙寺）读书期间，与其密友王用昭及陶工们合作而制成的、用于泡茶
的样品壶，然后提供给陶人仿制的。而为何假托书僮"供春"之名？一
是因为"百工技艺"地位低下，非士人所为，避免与之牵涉；二是忌讳
当时以"煮茶"为业之人的报复。

　　倘若徐鳌润所言是正确的，紫砂壶史便要就此改写，那么长久以来如供春姓"供"还是姓"龚"等争议，就不过是一个个的伪命题。不过，我们倒也没有必要深究这些问题，无论如何"供春"已经是一个"历史存在"，而"供春壶"的"世间茶具堪为首"的文化价值也是不可否认的。

第十三章

唐寅的《事茗图》卷

明代，茶文化发展到繁盛时期，此时的茶已经不单单是平民百姓的日常之物，更受到了无数文人的热爱和赞美。画家唐寅自然也不例外，他爱饮茶，更借对茶事的描绘表达了内心深藏的情感。

事茗之趣

《事茗图》卷为纸本设色，纵31.1厘米、横105.8厘米，现藏北京故宫博物院，属国家一级文物。该图是唐寅晚年绘画成熟期独具创作风格的代表作品之一，也是明代茶画的重要代表作。图卷前有文徵明写的"事茗"两个隶书大字，雄浑苍劲，后纸有陆粲于嘉靖乙未（1535）写的"事茗辩"，讲的是自称"事茗"的人与客人辩论饮茶的事。

《事茗图》卷吸取了宋元文人画的笔法，人物山水用笔工细，画风清劲秀雅。画法除左侧的山石吸收了郭熙的皴法，松枝的屈兀如蟹爪，松针的四射状承自李成、郭熙风格外，其用笔的秀润纤细又得力于赵孟頫，是一幅融合了宋元风格而又趋柔和的作品。

画面构图严谨，画法别出新意，意境清幽，层次分明。山水之景，或远或近，或显或隐，近者清晰，远者朦胧，平淡隐逸之感油然而生。近景巨石侧立，墨色浓淡有致，皴染圆润，凹凸清晰可辨；远处峰峦屏列，瀑布飞泻，松竹林立。画面正中，一条清溪蜿蜒汩汩流过，在溪的左岸，清雅茅舍环抱于四面幽谷之中，茅屋下方有流水，屋顶云雾缭绕，一派自然清新气象，宛如天外仙境。透过敞着的房门，一人端坐读书，案头备有茶盏茶壶，荡然飘出品茶就读之雅韵。茅屋左侧的边舍内，有一童子正在煽火烹茶。屋外右边，一老者手持竹杖，行在小桥中，身后一抱古琴的小童紧跟其后，抑或相约抚琴品茗之逸客？

透过画面，潺潺的流水声、幽幽的古琴声似乎隐约入耳，而茶釜中水声瑟瑟，幽幽茶香扑鼻而来，静态的画面处处有着人与自然在天地间的呼吸之美。这琴茶共处、声情并茂的品茶氛围无疑流露出一种闲逸之趣，既是远离喧嚣、轻松自如的理想茶境，也是画家无比憧憬、超越困

［明］唐寅《事茗图》卷局部　故宫博物院藏

顿的"世外桃源"。

《事茗图》卷左上的自题诗进一步点明了画家的心迹，其款曰：

日长何所事，茗碗自赍持。

料得南窗下，清风满鬓丝。

题款采用行楷，文字结构婉媚，笔画圆润，体态秀美、温和、典雅，有赵孟頫书法的气息。描述的是炎热而漫长的夏日无所事事，伴松竹，依山水，汲清泉，烹香茗，读诗书，清风徐徐，其乐融融，作者向往闲

适隐归的生活，遁迹山林的志趣跃然纸上。

题画诗下方落款"吴趋唐寅"，左右有印三枚，分别是"吴趋""唐伯虎""唐居士"，印章字体流畅洒脱。

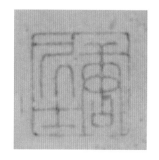

"吴趋"　　　　　　　"唐伯虎"　　　　　　　"唐居士"

画中有诗，诗中有画，题诗入画使诗歌以书法艺术的形式呈现在画面上，诗、书、画三种艺术三位一体，相得益彰，构成了一幅布局精美、内容完整又丰富的完美作品。无怪乎《事茗图》卷受到历代茶人的珍爱，成为皇室及名家的珍藏，其画卷前后遍布藏家之印。卷右有乾隆题诗：

记得惠山精舍里，竹炉瀹茗绿杯持。

解元文笔闲相仿，消渴何劳玉常丝。

落款附记：

甲戌（1754）闰四月，雨余几暇，偶展此卷，因摹其意，即用卷中原韵，题之并书于此。御笔。

并盖有"乾隆御赏之宝"之印。题诗中依稀可见一代帝王操劳国事之余对品茗乐读隐居生活的无限向往。

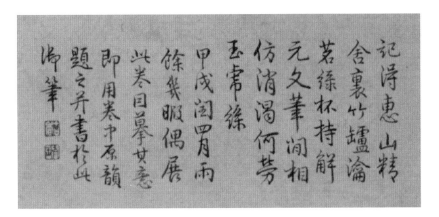

乾隆题诗

唐寅一生好酒又爱茶，并将自己乐山乐水的生活热情以及"淡泊隐逸"的文人情怀融入艺术创作之中，为后世留下了诸多经典的诗画佳作。就茶画而言，流传下来的有北京故宫博物院收藏的《事茗图》卷、收藏于台北故宫博物院的《品茶图》轴、《烹茶图扇面》等，这些作品描绘了在山涧松涛、清风明月、空灵虚静的大自然中亲汲清泉、聚友品茶、吟诗作画的文人日常生活，堪称明代茶画的典型代表。

明初，经历权力斗争、最终退隐林泉的宁献王朱权醉心茶事，并以茶明志，终成《茶谱》一书，书中所开创和倡导的"清逸"茶事审美思想泽被深远。在其影响下，明代不少失意文人热衷于创作以茶事活动为主题的艺术作品，以表现隐士们的闲逸之趣。

与隐逸文化如影相随的中国山水画，从南朝画家宗炳、王微开始，直至明代的"吴门画派"，历代山水画家的作品都着力表现"淡泊隐逸"之美。而不同时代的作品虽有传承的痕迹，但其画题乃至技法、布局等各有千秋。

明代末期，张丑在《清河书画舫》中曾这样评述历代山水画的特点：

古今画题，递相创始，至我明而大备，两汉不可见矣。晋尚故

实，如顾恺之《清夜游西园》故实之类；唐饰新题，如李思训《仙
山楼阁》之类；宋图经籍，如李公麟《九歌》、马和之《毛诗》之
类；元写轩亭，如赵孟頫《鸥波亭》、王蒙《琴鹤轩》之类；明制
别号，如唐寅《守耕图》，文壁《菊圃》《瓶山》，仇英《东林》《玉
峰》之类。

　　上述文字，特别提到了以"别号"为画题的"吴门画派"作品。据
考证，唐寅所处的明代中叶的吴中地区，不少文人都取用象征清高、隐
逸的别号，其中不乏自诩标榜之意，并非真想归隐山林之中，而是寄寓
着他们虽身居城市却向往归隐生活的理想。与此对应的是，当时吴门画
家创作了许多以他人别号为题的作品，即张丑所称的"别号图"，这是一
个很有趣的艺术现象。

　　在"别号图"中，画家凭借别号取意将人物安置其中，不仅为别号
者图绘理想，也私藏自己的志趣。这些兴趣相投的吴中文人在绘画作品
中彰显隐逸之志并不是要湮灭自我，而是通过作品意趣的传达，为自我
找到"隐士"这一身份定位。这一身份的确定，又使其艺术作品充溢着
"隐逸"气息。

　　唐寅的赠友画作多为"别号图"，这也成为唐寅绘画的一大特色。张
丑提到的《守耕图》现藏台北故宫博物院，是唐寅为吴郡故族"陈朝用"
所作的"别号图"，画卷紧紧围绕"守耕"这个主题挥毫泼墨，凸显"长
守犁锄业不迁"之旨趣。

　　《事茗图》卷则是他为友人"陈事茗"所作的庭院茶事小景，所以
《事茗图》卷的图名"事茗"二字一语双意：一则指所画内容是品茗读
书，二则"事茗"为友人的别号，也是唐寅对其的尊称。陈事茗是书法
家王宠较为亲近的邻友，而王宠为唐寅的忘年挚友，故唐寅可能曾经与
他有所交游并作《事茗图》卷赠予他。从画面内容看，此图表面上是描
绘苏州文人陈事茗优游林下、待客品茶的日常悠闲生活，实际上却是画

家本人理想生活情趣的一种写照。

隐逸之风

中国古代文人的人生观和价值观历来受儒释道的共同影响：一方面受儒家积极入世思想的影响步入仕途，去实现其建功立业、匡世济民的人生价值；另一方面在实现自己理想抱负和人生价值的过程中遭遇挫折以后，受释、道两家"无常""无为"等思想的影响，往往选择避开社会现实的危害而隐居山水之间，以独善其身和求得个人生活的宁静恬淡。经过几千年的积淀，逐渐形成"隐逸"这一有着深刻意蕴和强大能量的精神文化传统。

早在唐代，文人就形成了茶叶最适合隐逸饮用的认识，经过陆羽及后世诸多高人隐士的身体力行、推波助澜，"隐逸"便逐渐成为文人饮茶生活的文化身份。"隐逸"趣味成为茶审美的主要特征之一，茶饮则成为文人日常生活中体验"隐逸"趣味的象征性事务。

在吴中地区，隐逸之风可谓源远流长，明人黄省曾《吴风录》云：

> 自甪里、披裘公、季札、范蠡辈前后洁身，历世不绝，时时有高隐者。

明代中叶，吴中地区安定繁荣，为文人隐居闹市提供了便利，徐祯卿所谓"虽处市朝，但不慕富贵利禄，不愿受制于人，崇古守道；心隐于乡，而不必谢人群、侣木石、弃孺业、亲末锄"的"市隐"之道成为当地的风尚。其时，茶饮早已深入文人的日常，既是抒怀寄意的琼浆液，也是感受生活之美的杯中饮，而"吴门画派"以"品茗""茶会"为内容的画作也相当普遍。

在人们的印象中，唐伯虎是传说中的"风流才子"、电影里的人生赢

［明］唐寅《溪山渔隐图》卷局部　台北故宫博物院藏

家。然而，真实的唐伯虎，才子是真，但并不风流，且一生坎坷。上天
辜负了他，命运辜负了他，官场辜负了他，妻子辜负了他，但他依然执
笔走天涯，给世人留下了不朽的诗歌和绘画。

　　明成化六年（1470），唐寅出生于苏州吴县吴趋里商贾之家，传说他
是庚寅年寅月寅日寅时生，故名"唐寅"。他自幼聪明伶俐，过目成诵，
年仅15岁便以第一名考中秀才，被时人称颂为"孺子狂童"。诗文擅名
的唐寅与祝允明、文徵明、徐祯卿并称"吴中四才子"，可谓才华横溢，
年少成名。18岁时又娶了江南名士徐延瑞的次女，真是春风得意，羡煞
旁人。

　　如果这是电影《唐伯虎点秋香》中的桥段，那么接下来肯定是才子
佳人大团圆的美满结局。可惜，唐寅的世界里没有"八个美娇娘"，更不
曾"三笑点秋香"。唐寅无忧无虑的岁月在他24岁的时候戛然而止。先
是秋天的时候，父亲、妻子相继去世。第二年的春天，母亲又不幸病故，

254

湖上桃花嶋扁舟信住。

還浦中浮乳鴨木秒

出平山 晋昌唐寅

[明] 唐寅《花溪渔隐图》轴 台北故宫博物院藏

［明］唐寅《王蜀宫妓图》
故宫博物院藏

［明］唐寅《美人春思图》轴
美国弗利尔美术馆藏

唯一的妹妹也在出嫁不久后自杀身亡。本来很融洽的家庭，凶连祸结，只剩下兄弟两人。

接连的不幸让唐寅一度陷入消沉，后经文徵明的父亲文林和好友祝允明的劝导，悲痛之余潜心学问，试图努力考取功名以告慰亡亲。在日后写作的《白发》诗中，这种决计痛改前非、向科场进发的心态一览无余：

清朝揽明镜，玄首有华丝。
怆然百感兴，雨泣忽成悲。

忧思固逾度，荣卫岂及衰。

夭寿不疑天，功名须壮时。

凉风中夜发，皓月经天驰。

君子重言行，努力以自私。

弘治十一年（1498），28岁的唐寅参加应天府乡试，高中解元。第二年赴京会试时，唐寅遇见了一个江阴的巨富之子——徐经，两人一见如故，相见恨晚，于是结伴同行。

由于两人在京师进出张扬，惹人注目，会试中三场考试结束时，城中传出"江阴富人徐经贿金预得试题"之流言，户科给事华昶便匆匆弹劾主考程敏政"鬻题"。虽"鬻题"之事缺乏确凿证据，但舆论喧哗不已，程敏政、徐经和唐寅也因此下狱。

最终，主考程敏政出狱后被勒令致仕，不久病故，而徐经、唐寅则"责为部邮"，只能做个地方官的随从。这意味着唐寅将长久作为打理烦琐事务的卑微吏员，而日后担任重要或高级职务的官员基本无望，必然使才华横溢且背负光耀门庭之责的他深以为耻。于是，他满怀"士也可杀，不能再辱"的悲愤和绝望弃吏而归，从此纵情山水风月之间。

唐寅35岁时在吴县城西北桃花坞起造桃花庵，自号"桃花庵主"。在那里，他过上了避世绝俗的生活。但唐寅的归隐之心、避世之志实为对现实世界的消极反抗，是为自己的怀才不遇鸣不平。一旦有望再返宦场，他势必抛却隐逸之心，再回归官场沉浮，他在《夜读》一诗中豪气干云地宣称：

人言死后还三跳，我要生前做一场。

名不显时心不朽，再挑灯火看文章。

可见，加官晋爵之心只是被他故意藏匿，未从心底彻底磨灭，后来的宁王府一行亦足可证之。

44岁时，唐寅应宁王朱宸濠之请赴南昌半年余，原以为满腹才华终有施展之地，然而命运却给了唐寅一次更为严峻的考验。他察觉到宁王有图谋不轨之心，被迫装疯卖傻才得以脱身而归。

这次豫章之行，他乘兴而去，却斯文扫地而回，身心俱被摧残。而此事让他最终放弃了建功立业之心，转而彻底投入诗、酒、茶、书、画的世界里，以此抒发自己苦闷的情怀。自此之后，他"茶灶鱼竿养野心，水田漠漠树阴阴"，"笑舞狂歌五十年，花中行乐月中眠"，成为中国历史上不可多得的一位才子。

一生的坎坷，消磨了少年的凌云之志，也让他终于觉悟，唯有在"淡泊隐逸"中，借吟诗绘画、花月茶酒寄托理想，才能让灵魂有所依附。因此，唐寅的绝仕归隐，既是对吴人传统的沿袭，更是受时代文人氛围的浸润，也是经历生活痛苦之余寻求内心安宁和快乐的必然选择。

［明］唐寅《采莲图》卷　台北故宫博物院藏

唐寅晚年与佛道亦有不解之缘，可以说，佛道使得他后期的诗词中体现出来的态度发生了巨大改变。而这种差别也将唐寅从原来纠结的人生中解放出来，使他顿悟人生。他的《品茶图》轴上题诗曰：

买得青山只种茶，峰前峰后摘春芽。

烹煎已得前人法，蟹眼松风娱自嘉。

不难看出，唐寅当时的心境已经非常平和，他已经不再为人世所累，而只是单纯地享受着这种归隐于山林的欢乐。他忙碌于漫山遍野的种植新茶，不再受外界的干扰，全身心地沉浸在这种轻松自在、怡然自得的环境中。

而唐寅的一首《阳羡茶》，让当地的茶叶迅速红遍大江南北，成为连天子都难得一饮的圣品。从"清明争插河西柳，谷雨初来阳羡茶"的茶诗中就可以看出唐寅对于家乡的流连与热爱。

相传这首诗是他与好友比诗时所作，而这一佳作绝对不是他的一时

［明］唐寅《品茶图》轴　台北故宫博物院藏

柴門深掩雪洋洋、榾柮爐頭煮酒香影息

詩人安穩處一編文字一爐香

唐寅

[明]唐寅《柴门掩雪图》轴　中国国家博物馆藏

兴起，若不是连家乡的一草一木都爱到内心深处，怎可一挥笔就留下了
这举世名作。虽然年少时经历了太多辛苦，但是只要此生有二三知己，
他就感到无比快乐。也许这一生注定要流离失所，但家乡却永远是他心
灵深处的最后一片净土。只要这片净土是完好的，心灵就有了可以归隐
和躲避的地方。

茶之审美

文人好物，然大多以物寓意。

自唐朝起，文人就利用茶的特性创造出了无数佳作。唐朝的韦应物
认为做人应该像茶一样清新脱俗，不随波逐流，才不枉此生。在元稹的
茶诗中，不仅将茶的形、态、色等介绍得非常清楚，也为我们描述了当
时的煎茶之事，更将他淡泊名利、享乐归隐的心志表达得淋漓尽致。

宋朝的王安石特别喜欢饮茶，他的词中用十分细腻的笔触详细描写
了他和弟弟饮茶时的情景，借此来抒发对兄弟的思念之情。欧阳修也爱
好饮茶，通过对茶叶清香淡雅的品质的赞美来抒发内心真实的情感，借
喻自己和茶叶一样别具一格，不为尘世所污。

到了明朝，唐寅等人仅通过对茶叶以及茶事的介绍，就将自己一生
的坎坷都挥洒在那一盏清茶之中。

唐寅虽常常表现出狂傲不羁，但毕竟深受吴中地域传统、精神文化
之影响，其内心深处仍追寻谦雅君子之风，只是这种"雅"的文化范式
被包括他在内的吴地才子们创新为一种求本真、重自我、尚雅俗、重艺
娱的生命方式，他们的诗文、绘画等艺术创作也就相应表现出趋雅向俗、
体认真我的风尚。

吴兰英的《唐寅题画诗研究》一文指出：

唐寅在他的绘画生涯中，不仅实践着"诗画一律"的旨归，中

［明］唐寅《东山悟道图》 2011北京匡时秋拍

晚年时更呈现出了超越之姿，唯寻"小我"之存在，其显"我"、体"我"、认"我"之心已自替代"诗画一律"。所以在他中晚年的诗画作品中，唐寅为自己塑造了一个个寂寥落寞又不乏远离尘烟、了却人世俗事的悠然画境。画中之人是"我"，境中之人亦是"我"，茅舍、帆影、亭台楼阁，凡此种种皆是"我"的活动范围，"我"的心灵栖息之所，"我"的个性张扬之处。"我"已然成为他艺术追求的终极目的，也是他有别于同时代文人书画家的典型特征。

的确，对于命运乖蹇的唐寅来说，现实的"我"十有八九不如意，画中的"我"超凡俊逸、雅趣盎然，才是梦寐以求的"真我"。特别是当现实生活的穷困潦倒压迫得"百无一用"的书生唐寅喘不过气来的时候，"裹茶来试第三泉""竹堂寺里看梅花"等雅事就成为画饼充饥的安慰剂和自我解嘲的奢望。

而这种挥之不去的内在伤感唯有在诸如《事茗图》卷、《守耕图》等赠酬之作中，得以向友人倾诉和获得慰藉。事实上，在隐居的士人世界里，相互之间物质上的资助，尤其是心灵上的沟通、交流，对于他们顽强乐观地生活和进行艺术创作是至为重要的。《事茗图》卷所展现的茶事活动或茶艺术创作含蓄地表达了画家的隐逸之志和淡泊趣味，宛如一曲《高山流水》觅知音，是茶友之间传情达意的信物。

［明］唐寅《听琴图》轴　美国克利夫兰艺术博物馆藏

　　明清文人画家群体中，绝大多数为隐逸之士，在画法上继承了远至董巨近及元人的笔墨情趣。但他们的绘画流露出了世俗情趣，他们作画也不再仅仅为自娱或写胸中逸气了。在他们的作品中，至少一部分已经成为商品，甚至有些画家已身兼商人的身份。

　　唐寅是明代中叶颇具代表性的吴门画家之一，他精通山水、花鸟、人物绘画，但他一生潦倒，而且落到了要卖文鬻画为生的境地。在仕途无望的遗憾中，他找到了通过诗画创作宣泄情感的方式，找到了性灵的支撑点，因此他的诗文和绘画中都透着一股文人画家孤傲的韵味。但更重要的是，他当时身处的吴门地区商业和娱乐业发达，世风奢靡，市民的物质和精神消费需求普遍高涨，使得他在"市隐"中还能运用诗画这个支撑点寻求世俗生活的经济来源和点滴乐趣，曾自夸：

> 不炼金丹不坐禅，不为商贾不耕田。
> 闲来写就青山卖，不使人间造孽钱。

所以他既是文人画家，又兼具职业画家的特点，他的绘画作品在中国绘画史上具有相当特殊的地位。就茶画作品以及题画诗的思想内涵而言，他和其他画家并无二致。其中表露的无外乎或借茶喻人，或借茶喻隐，或以茶自况的心迹，也是对生命和现世价值的思索。

饮茶作为文人寻求生命价值的重要文化传统，绵延不绝，但在不同时期有着不同的历史使命。茶文化的基本内涵、隐士身份象征和品茶的基本技法，在唐宋时期就已发展成熟。到了明代，茶人们热衷的就是对唐宋茶文化的内涵、品茶技法等进行交融、变异和深化。从唐寅的《事茗图》卷等作品中可以看出，茶文化兴盛的明代仍然延续着隐逸文化身份的书写，饮茶与隐士生活密不可分，隐士们从茶与自然的交融契合中，体会到天地、宇宙间的无比美妙，从而用生花妙笔给后世留下了无数的茶文化艺术瑰宝。

与唐宋时期的茶画相比，明代茶画的画面不再是茶人、茶具占据大部分空间，而是注重描绘群山叠嶂、山野竹林的清幽之境，内容多是文人们相会和游赏的场面，表现一种逍遥自娱的理想生活，幽趣盎然。无论是画中人，还是观画人，皆似身临世外桃源，彰显出"隐逸"的独特内涵。

在商品经济发达的明代中期，"学而优则仕"作为士人人生价值的实现方式依然是社会的主流认识，唐寅终究无力摆脱时代的局限，而对官场仕途完全释然，无怪乎唐寅的高士画如《卢仝煎茶图》《空山长啸图》等大多着力表现出一个宦海失意文人的怅惘，在逸韵之外多少都带有忧伤的影子。

在《事茗图》卷的自题诗中，我们能清楚地看出，每一个字仿佛都是唐寅对于人生最沉痛的控诉。白日太长，以至于已经没有什么想做的事情了，只能独饮一杯清茶。可事不由人，在略微苦涩的茶味之中，他不禁想起自己多舛的一生。本以为可以年少得志，意气风发，为朝廷献出自己的热血，却未想到不但羽翼被折，抱负不得施展，到最后自己还疾病缠身，孤独到老，只能让清风吹乱满头的白发。而这种郁郁寡欢的心情，仅仅通过"茗碗自赍持"就能让读者产生十足的画面感。

但总的来说，唐寅倾心追求的理想隐逸生活，不是消极的自暴自弃，而是贴近现实的、有着一种拥抱自然山水的乐观心态。以今天的眼光来看，像唐寅这样选择粗茶淡饭生活的隐士更不是与社会脱节的世外之人，

［明］唐寅《悟阳子养性图》卷　辽宁省博物馆藏

而是淡泊名利、以田园山水之美为追求，热爱自然、热爱生活的天才艺术家，他们坎坷而终究得到超脱的人生激发了一幅幅绘画名作的创作灵感。

无论茶还是画，都带着这种灵性穿越时空，传播着永恒的达观生活理念，引发永远的情感共鸣，亦不失为人们调节身心健康的良药。

余语

明代是茶画创作的高峰期，其中唐寅是成就斐然的重要代表人物之一，其《事茗图》卷是广受称颂的茶画佳作。《事茗图》卷通过世外桃源般品茶氛围的营造，似"高山流水"的茶事心志的表达，日常"市隐"生活中的茶事同样可以充满高雅的情趣。而这种隐逸之趣，也是画家对自我和现世生活方式、生命价值的积极探索。

第十四章

文徵明的《惠山茶会图》卷

从诸多文献中可以得知，文徵明非常醉心于茶文化的研究，这不仅体现在他相关的诗文和研究论著中，也体现在诸多传世的、与茶事有关的绘画作品中。《惠山茶会图》卷是文徵明中晚年较有代表性的细笔山水作品之一，此图描绘了文徵明与好友蔡羽、汤珍、王守、王宠等游览无锡惠山，并于山下井畔饮茶赋诗的情境。

"惠山品泉"

唐代独孤及在其《慧山寺新泉记》中记载了惠山泉的开凿：

> 无锡令敬澄，字深源，为政之余考古案图，葺而筑之，乃饰乃圬。有客竟陵陆羽，多识名山大川之名，与此峰白云相与为宾主，乃稽厥创始之所以而志之。谈者然后知此山之方广胜掩他境。
>
> 其泉伏涌潜泄，腾响舍下，无沚无窦，蓄而不注。深源因地势以顺水性，始双垦袤丈之沼，疏为悬流，使瀑布下钟。甘溜湍激，若醴酾乳喷，及于禅床，周于僧房，灌注于德地，经营于法堂，瀑瀑有声，聆之耳清。濯其源，饮其泉，能使贪者让，躁者静，静者勤道，道者坚固，境净故也。

［明］文徵明《惠山茶会图》卷局部　故宫博物院藏

　　"慧山"即"惠山"，古时常通用。惠山泉位于无锡市西郊惠山中，是开凿于唐代的名泉，其泉水甘洌，极适煮茶，因此逐渐声名远扬，人称"天下第二泉"。

　　那么，惠山"天下第二泉"之名到底出于何处？唐代张又新所著《煎茶水记》中记载：

　　　　故刑部侍郎刘公讳伯刍，于又新丈人行也。为学精博，颇有风鉴，称较水之与茶宜者，凡七等：扬子江南零水第一；无锡惠山寺石泉水第二；苏州虎丘寺石泉水第三；丹阳县观音寺水第四；扬州大明寺水第五；吴松江水第六；淮水最下，第七。

　　张又新在文中先是援引了当时刑部侍郎刘伯刍对于诸水的品评，其

中将惠山泉断为"第二"。而在后文中，张又新又援引了茶圣陆羽的
说法：

李因问陆："既如是，所经历处之水，优劣精可判矣。"陆曰：
"楚水第一，晋水最下。"李因命笔，口授而次第之：庐山康王谷水帘
水，第一；无锡县惠山寺石泉水，第二；蕲州兰溪石下水，第三；峡州
扇子山下，有石突然，泄水独清冷，状如龟形，俗云虾蟆口水，第四；
苏州虎丘寺石泉水，第五；庐山招贤寺下方桥潭水，第六；扬子江南
零水，第七；洪州西山西东瀑布水，第八；唐州柏岩县淮水源，第
九，淮水亦佳；庐州龙池山岭水，第十；丹阳县观音寺水，第十一；
扬州大明寺水，第十二；汉江金州上游中零水，第十三，水苦；归州
玉虚洞下香溪水，第十四；商州武关西洛水，第十五，未尝泥；吴松

江水，第十六；天台山西南峰千丈瀑布水，第十七；郴州圆泉水，第
十八；桐庐严陵滩水，第十九；雪水，第二十，用雪不可太冷。

根据陆羽的口授，李季卿列出天下泉品前二十位，亦将无锡惠山泉
排在了第二位。唐代陆羽是著名的品茶大家，著有传世经典《茶经》，对
于茶事极为精进，对于泉品、茶品的鉴别有着丰富的经验和超群的天赋，
因此世人喜称之为"茶圣"。而惠山泉由于茶圣陆羽亲定为"第二泉"而
声名远播，逐渐为后代文人雅士所青睐。

张又新《煎茶水记》中的记载有一定的传奇色彩，并不完全可靠，
但根据陆羽作《游惠山寺记》可知，他确实到过惠山品泉试水。由此可
以说明，惠山泉早在其开凿初期就已经名声大振。唐人李绅的《别石泉》
一诗，描绘的就是惠山石泉的风貌，可见当时的文人雅士已经开始在惠
山泉边汲泉煮茗，品茶赋诗，其诗曰：

> 素沙见底空无色，青石潜流暗有声。
> 微渡竹风涵淅沥，细浮松月透轻明。
> 桂凝秋露添灵液，茗折香芽泛玉英。
> 应是梵宫连洞府，浴池今化醒泉清。

到了宋代，惠山泉更得文人雅士之喜爱，甚至有人不远万里从无锡
惠山汲泉水运至京城用来煮茶。品茶赋诗历来是读书人之雅好，一般茶
客或许只会关注到茶叶的优劣，而真正的爱茶之人更会关注到煮茶之泉
的品第高低。因此文人雅士纷纷效仿茶圣陆羽的做法，前往惠山亲试泉
水，用"天下第二泉"煮茶待友，追忆先古之文雅风韵。

宋代诗人杨万里作《惠泉分茶示正孚长老》中云：

> 须烦佛界三昧手，拈出茶经第二泉。

苏轼亦有《惠山谒钱道人烹小龙团登绝顶望太湖》云：

> 独携天上小团月，来试人间第二泉。

到了元代，画家赵孟頫也作过有关惠山泉的诗，《留题惠山》云：

> 南朝古寺惠山前，裹茗来寻第二泉。

可见，自从唐代陆羽亲自前往惠山试泉并将其评为"天下第二泉"后，文人雅士便纷至沓来，且陆羽的传世名作《茶经》一直以来被历代文人茶客奉为煮茶、品茶之道的先导，因此他们的爱茶之法更是深受陆羽的影响。他们不再局限于评定茶叶本身的好坏，开始关注煮茶之泉对于茶汤的影响。

这样看来，若说"品茶"之举太过普通又有附庸风雅之嫌，那么"试泉品茶"之举应是茶事活动中的一大雅事了，因为只有真正懂得煮茶、品茶之道的人，才有此行动。由此，我们便不难理解为什么"惠山品泉"这一活动反复出现在历代文人雅士的诗文中，逐渐成为他们显示自身品位高雅的艺术创作母题。

正如明人冯梦龙《唐解元一笑姻缘》中所记，唐寅一路追着秋香到了无锡，突然却要放弃追赶而改去惠山试泉，说道：

> 到了这里，若不取惠山泉也就俗了。

小说中唐寅的说法虽然过于直白，但却直截了当地向我们反映了当时文人雅士"惠山品泉"的心境。

而作为吴门四家之一的文徵明，也对惠山泉极为热衷，在自己的诗作中多次提及，《咏惠山泉》中云：

少时阅茶经，水品谓能记。

如何百里间，惠泉曾未试。

空余裹茗兴，十载劳梦寐。

秋风吹扁舟，晓及山前寺。

……

　　文中令文徵明极为向往的这眼泉水，便是人称"天下第二泉"的无锡惠山泉。从诗中看，文徵明此时并未到过惠山，对于惠山的了解还仅限于陆羽《茶经》书中所记。但他非常期待有朝一日能够一睹"天下第二泉"的真容，携带佳茗来此品水试泉。

　　就算后来文徵明已然尝到了惠山泉的滋味，却依旧时常于诗中提及，《雪夜郑太吉送慧山泉》充满了他对惠山泉的偏好，云：

有客遥分第二泉，分明身在慧山前。

两年不挹松风面，百里初回雪夜船。

青箬小壶冰共裹，寒灯新茗月同煎。

洛阳空说曾驰传，未必缄来味尚全。

　　而本文所述《惠山茶会图》卷，便是正德十三年（1518）文徵明与众友人相约惠山试泉品茶后而作。该图为纸本设色，纵21.9厘米、横67厘米，现收藏于北京故宫博物院。

　　《惠山茶会图》卷拖尾有顾文彬所作尾跋，有言：

此图秀润古雅，士气盎然，为衡山生平杰作，假令赵松雪见之，亦当敛手……

　　在顾氏看来，文徵明此作手笔甚至要高于赵松雪，推崇之情溢于言

同治七年季冬中澣良苕居士誠枬過雲樓

盎然為衡山生平傑作假令松雪見之六當斂手何況餘子

右調龍山會題文衡山惠山茶會圖此圖秀潤古雅士氣

閒愁共留取生綃淨前滿冰泉亂峯鎖任紅塵一片

江目斷寫情題水葉山黛映一半斜清淺倒影洗

韻龍吻春霏玉濺寬捥試新湯興吹逸金鑪煖記留連

流花漲膩松風古澗都是惜別行蹤送客將歸向暮

舊雨江湖遠鴻漸重來細吹浮梅璇香幽徑滑芳井

川人坐清盡危闌漫撫想松風度唐峭正峯陰速路

雅亭幽樹痕消蕙雪金鼎內融得一壺春聚惟悴玉

青簦霞竹裡幽情付與長伴暗谷泉生淨濯蘭纓停

好評泊水經茶譜童子語山深勝游地得杯閒取喚焦

徑曲知何處突兀林拁薜荔猶堪補心塵聊更洗閒趣

顾文彬所作的尾跋

表。《惠山茶会图》卷像是一张艺术化的纪实照片，记录了这件真实的文人茶会图景，文徵明用其温润古雅的小青绿山水很好地诠释了"惠山品泉"这一经典的艺术母题，此举既向古人致敬，又向后人展示了明代士人是如何于惠山品茶试泉、寄情山水、追模先贤之雅好的。

何人茶会

《惠山茶会图》卷前，有蔡羽所作的《惠山茶会序》曰：

渡江而润，金、焦、甘露胜。由润入句容，三茅山胜。由句容至毗陵，白氏园胜。由毗陵至无锡，惠麓胜。余之之金陵，每涉是傍，程迫事协，或不得一造。造或不得遍观，观或不得兴。朋友共，而私独蹒跚，马用是快快。尝与衡山文徵明，中山汤子重，太原王履约、王履吉谋行，而诸君各有典守，又不敢舍己业以越人境。正德丙子之秋，长洲博士古闽郑先生掌教武进，居于毗陵。明年丁丑夏，吾师大学士太保靳公致政居于润。又明年戊寅春，子重以父病将祷于茅山，履约兄弟以煮茶法，欲定水品于惠。其二月初九，余得往润之日，与诸友相见于虎丘，又辞以事，乃独与箭泾潘和甫挟舟去。子重亦与其徒汤子朋同载前后行……

从序中可知，参与此次茶会的共有七人，即文徵明、蔡羽、王守（履约）、王宠（履吉）、汤子重（汤珍）、潘和甫、朱朗。与文氏相约一同出游惠山的诸好友们，必定也是志同道合的好茶之人，且对于惠山"天下第二泉"亦早有耳闻，那么此次"惠山品泉"之行应该是早有打算的。

根据"履约兄弟以煮茶法，欲定水品于惠"之句，可知此次茶会最初的发动者应是王宠、王守兄弟二人，他们欲前往惠山亲自试泉品茗。为此，文徵明作《惠山茶会图》卷来记录此次活动，蔡羽作《惠山茶会序》并赋诗13首。后来，文徵明也有《还过无锡同诸友游惠山酌泉试茗》一诗：

妙绝龙山水，相传陆羽开。

千年遗志在，百里裹茶来。

洗鼎风生鬓，临阑月堕怀。

解维忘未得，汲取小瓶回。

文徵明此番与友人相约出游甚是开心，收获颇多，不仅作画以记之，归后还另赋诗一首记录此次出游，足见其重视。

此番一同出游惠山的七人，他们除了有着共同的饮茶喜好之外，仕途的惨淡处境也颇为相似，因此我们需要对与会七人的背景资料做一个简单了解。台湾学者吴智和在《明代茶人集团的社会组织——以茶会类型为例》一文中，提供了这样一份表格（见表1）：

表1 出游惠山七人的背景资料

姓名	籍贯	生卒年	时年（虚岁）	出身	备注
蔡羽	苏州·长洲	1467—1541	52	监生	十四次乡试皆挫，以监生赴选。
文徵明	苏州·长洲	1470—1559	49	贡生	九应乡试皆不售，嘉靖二年以岁贡赴选。
汤珍	苏州·长洲	1487—1552	32	贡生	十试不利，以岁贡出官县丞。
王守	苏州·吴县	1492—不详	27	进士	正德十四年举人，嘉靖五年进士。
王宠	苏州·吴县	1494—1553	25	监生	八应乡试皆挫，后贡成均。
潘和甫	不详	不详	不详	不详	不详
朱朗	不详	不详	不详	不详	不详

从此表格中，我们不难看出，除了潘和甫与朱朗身份不详以外，其他五位在此时都只是生员，几人皆可称得上是仕途坎坷。正德十三年时，文徵明已经七次应考失利，蔡羽此时也有八次应考失利。虽然王守后来考取进士，但也是后话了。

明代《崇祯吴县志》中，记载了他们这群人的友谊和处境：

汤珍、祝允明、唐寅、文徵明辈并为文酒交，诸子皆困抑，守独显要。

文中用"困抑"一词来形容除王守以外其他人的处境，足见当时大家仕途处境并不乐观。文徵明作于"惠山茶会"前一年正德十二年

279

汤珍所作的题跋诗

（1517）的长诗《除夕感怀》中云：

更长烛尽夜不寐，推枕起视天茫然。

……

人生百年恒苦悭，一举已废三十年。

当时的文徵明，已经参与了七次乡试却无一考中，除夕之夜，这种仕途不顺的挫败感涌上心头，令他夜不能寐，内心满是惆怅。虽然此后文徵明并未丧失信心，继续参加考试，但当时的文徵明，确实是一个内心郁结无法排遣的官场失意之人。

不难看出，此七人结伴出游惠山之时，很可能是他们人生中极为苦闷、忧愁的岁月。于是他们将内心郁结与压抑放逐于山水泉林之间，寄情山水以忘却世俗的烦忧，这便是文徵明创作《惠山茶会图》卷最主要的情感基调。

事实上，《惠山茶会图》卷不仅表达了仕途不顺的文人雅士寄情山水的心境，还彰显着明代以文人为代表的茶人集团仪式化、精英化的品茶文化。

这些参与"惠山茶会"的人物，大抵都是文雅闲适的茶客，其中尤以王宠与文徵明最为喜茶。《崇祯吴县志》中有这样一段关于王宠的记载，可证其品性闲静、嗜茶，曰：

> 王氏性恶喧嚣，不乐尘井。既筑草堂石湖之阴，冈回径转，藤竹交荫，每入其室，笔砚静好，酒美茶香……

而前引的诸多文氏诗作，足以证明文徵明对于茶的喜爱。蔡羽《惠山茶会序》中又记：

> 戊子为二月十九，清明日，少雨，求无锡未逮惠山十里，天忽霁。日午，造泉所。乃举王氏鼎，立二泉亭下；七人者，环亭坐，注泉于鼎，三沸而啜之。识水品之高，仰古人之趣，各陶陶然，不能去矣！

如果熟悉唐代茶圣陆羽的《茶经》，再读蔡羽所撰之序，便可参透其中些许趣味。

首先是"试泉""定水品"，惠山泉自从被陆羽评为"天下第二泉"开始，便名声大噪，为历代文人雅士所青睐。蔡羽序言中提到"履约兄弟以煮茶法，欲定水品于惠"，而"亲自前往惠山试泉"一举，明显是受了陆羽当年亲自前往惠山试泉的影响。追忆先古遗风，效仿先人之举，这本身便是文人之间的一种雅事。

其次，陆羽在《茶经》中有言：

> 其水，用山水上，江水中，井水下。

而参与"惠山茶会"的文徵明一众，也深谙品水、品泉的道理。根据陆羽所言，好的水质是烹制好茶的前提，他们已经跳出市井俗人对于"茶种""茶具"等概念的吹毛求疵，对真正意义上的饮茶文化有着更为深入

［明］文徵明《山庄客至图》轴
辽宁省博物馆藏

的理解，这是那些目不识丁的市井小民和庸俗粗浅的伪茶客无法知晓的。

再次，陆羽《茶经》中云：

> 其沸，如鱼目，微有声，为一沸；缘边如涌泉连珠，为二沸；腾波鼓浪，为三沸；已上，水老，不可食也。初沸，则水合量，调之以盐味，谓弃其啜余，无乃而钟其一味乎。第二沸，出水一瓢，以竹环激汤心，则量末当中心而下。有顷，势若奔涛溅沫，以所出水止之，而育其华也。

而从蔡羽作《惠山茶会序》中可知，文徵明一众在惠山试泉品茶时，也仿照陆羽所教导的饮茶方式"三沸而啜之"。可见到了明代，这些文雅之士在饮茶时仍不忘将唐人陆羽的《茶经》奉为圭臬，既是传承了古法，又彰显着自身超群的文化品位。

不论是"试泉""定水品"，还是"三沸而啜之"的做派，都带有很强的仪式化色彩，他们深受陆羽《茶经》中饮茶文化的影响。参

［明］文徵明《绝壑鸣琴图》轴局部　美国克利夫兰艺术博物馆藏

照《茶经》所述，仿照陆羽之举，亲自前往惠山"试泉""定品水"，饮茶时"三沸而啜之"，这种寓于山水之间小众的文人茶会，是虔诚的、严谨的，正像一场荡涤心灵的仪式一般。而文徵明用自己的画笔，生动地将这一彰显文人深厚文化底蕴和品位高雅的场景记录了下来。

文徵明与茶

明代中晚期，一些较为活跃的文人逐渐成为当时诗、文、书、画的佼佼者，与此同时，他们又以茶人的身份引导了当时的饮茶风尚，而作为"吴门四家"之一的文徵明便是其中一员。就在正德十三年清明时节，文徵明与友人相约出游无锡惠山，效仿古时文人雅士之举，于惠山泉边汲泉品茗，文徵明遂作《惠山茶会图》卷以记之。

同样是文徵明有关茶事题材的画作——《林榭煎茶图》卷、《浒溪草堂图》卷、《乔林煮茗图》轴、《品茶图》轴、《茶具十咏图》轴，无论画作呈现横幅还是竖幅，都较好地遵循了中国传统山水画创作的构图比例和"三远法"的透视关系。画作采用"以大观小"的全景式构图，物象

［明］文徵明《浒溪草堂图》卷局部　辽宁省博物馆藏

[明]文徵明《乔林煮茗图》轴
台北故宫博物院藏

[明]文徵明《品茶图》轴
台北故宫博物院藏

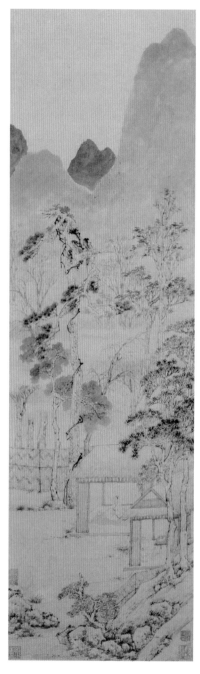

[明]文徵明《茶具十咏图》轴局部
故宫博物院藏

与物象之间疏朗而富有韵律，画面意境开阔，呈现出一种恬淡、闲适的自然之境。

但《惠山茶会图》卷似乎不同，此图采用了截取式的取景方式，将景物拉近使之跃于观者眼前，山石树木延伸到画面上部以外，好似摄影时伸长镜头使得成像变大。画面着重表现的并非名山大川的磅礴气势，而是围绕"惠山品泉"这一事件展开的场景化描绘，画面中的树木、山石造型丰富，组合繁密紧凑，但繁而不乱。此图在比例上仍遵循上述画论中的绘制原则，但传统山水画中的"三远法"在此却不能贴切地套用了，因为在这种截取式的近景构图中，实在无法体现画面之"三远"。

在色彩上，文徵明弱化了对于山石结构的皴擦，转而借助"积墨""积色"的方法完善对于山石树木的描绘，使得整个画面的颜色既厚重又清透、丰富而温润。而在颜色的选择上，该作品用色较为单纯，多以石青、石绿为主。可见，此时的文徵明对于画面墨与色的使用又有了新的理解与认识，在继承古人绘画用色的基础上，逐渐摸索出自己对于青绿山水的处理方式。

对一件事物的喜爱，首先是对其的深入了解，这一点文徵明做到了。文徵明是一个地道的爱茶之人，他著有《龙茶录考》，其中对北宋蔡襄的《茶录》做了详尽的考证与研究。《茶录》是继唐代陆羽的《茶经》之后最有影响的茶论著作，文徵明能够对《茶录》的版本、时间、收藏等一系列问题做出较为详尽的考证，说明他对饮茶文化已然有了非常丰富的知识储备和自己的独立思考。除此之外，对蔡襄《茶录》的潜心研究更是出于他对茶文化的热爱，饮茶、品泉已然融入了文徵明的日常生活中，这一点从他的诸多与饮茶有关的画作中便可窥知。

北京故宫博物院还收藏有文徵明的《茶具十咏图》轴，该图描绘了一位高士静坐于山间草屋内饮茶的图景。文徵明于画面上方题咏的《茶具十咏》五言律诗10首，分别为"茶坞""茶人""茶笋""茶籝""茶舍""茶灶""茶焙""茶鼎""茶瓯""煮茶"，且后题识：

> 嘉靖十三年岁在甲午，谷雨前三日，天池、虎丘茶事最盛，余方抱疾偃息一室，弗能往与好事者同为品试之。会佳友念我走惠二三种，乃汲泉吹火烹啜之，辄自第其高下，以适其幽闲之趣。偶忆唐贤皮陆辈《茶具十咏》，因追次焉，非敢窃附于二贤后，聊以寄一时之兴耳。漫为小图，遂录其上。衡山文徵明识。

从题识中我们可知，此画作于明嘉靖十三年（1534）春，文徵明由于身体抱恙未能与茶人朋友同去参加茶会，恰巧佳友送来些好茶，便命小童汲泉烹茶，独自于家中品茶，并作此小画。偶然追忆起了唐人皮日休和陆蒙龟的诗句，便即兴仿照他们二人的形式作了10首五言律诗，并抄录于画面上方。

从画面和题识中，我们不难发现，茶事活动已经融入文徵明的日常生活，即便年事已高，不能像往年一样去参加茶会，他也会于家中烹

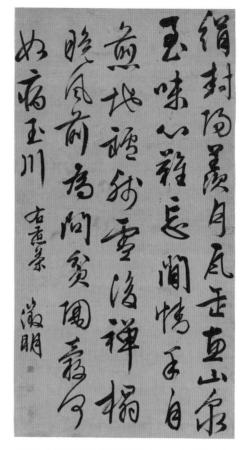

［明］文徵明行书《煮茶诗》轴　南京博物院藏

茶品茗，画作将明代文士那种饮茶、赋诗、作画的生活图景展现得淋漓尽致。

　　而由画中可知，文徵明对饮茶时所用的茶具是十分讲究的，由于陆蒙龟、皮日休二人的《茶具十咏》大致是对陆羽《茶经》的归纳总结，而文徵明能够仿照陆蒙龟、皮日休二人作出《茶具十咏》，说明文氏也早已熟读了陆羽的《茶经》并有了自己的感悟与体会，对于饮茶文化中的每一个细节都深谙其理。

　　除了对茶具的考究，文徵明对于煮茶时所用的水品要求也极为苛刻，要想煮就上乘的茶汤必然要使用上品的泉水。这里便要提及前文所说的惠山泉，便是文徵明最爱用的煮茶之泉，他的《是夜酌泉试宜兴吴大本所寄茶》中道：

醉思雪乳不能眠，活火沙瓶夜自煎。

白绢旋开阳羡月，竹符新调慧山泉。

地炉残雪贫陶穀，破屋清风病玉川。

莫道年来尘满腹，小窗寒梦已醒然。

那日其好友吴大本送来新茶"阳羡月"，恰巧其另一位好友派人送来了"惠山泉"，文徵明便得以品尝新茶的滋味。品就佳茗佳泉的他难掩心中畅爽，便赋此诗以记，可见文氏对于惠山泉的钟爱。

［明］文徵明《丛桂斋图》卷局部　美国纽约大都会艺术博物馆藏

茶事活动中还有一个要素，便是茶友。文徵明参与的茶事活动在一定程度上向我们展示了他的社交圈，其在所绘的《品茶图》轴题跋中写道：

> 碧山深处绝纤埃，面面轩窗对水开。
> 谷雨乍过茶事好，鼎汤初沸有朋来。
> 嘉靖辛卯，山中茶事方盛，陆子传过访，遂汲泉煮而品之，真一段佳话也。

文徵明将友人来访并与其汲泉煮茶称作一段佳话，此时文徵明的山中茶室便是一个小型的私人茶会之所，用以招待志同道合的茶友。而本文所述《惠山茶会图》卷向我们展现的则是一种室外的雅集茶会，文徵明与好友相约惠山试泉。

这些人之所以能够相聚在一起，绝非偶然。首先他们要有同样的嗜好，那便是饮茶；而嗜茶还要懂茶，要有高出世俗的品位和情趣。最为重要的一点，就是他们这些所谓的"同道中人"大抵有着相似的生活境遇，这样那些寄情山水的精致才得以抒发。

茶会中，茶友们品泉、煮茶、赋诗、作画，这种以饮茶为主要动因的文人雅集恰恰是明代士人的日常社交活动，极大地推动了当时文学和艺术的进步。由此可见，茶文化已经融入文徵明的日常生活，而茶会作为文徵明的一种社交方式，伴随着他的诗文与画作，向人们展示了明代文人雅士的优游生活。

［明］文徵明《寒林飞雪图》轴　美国印第安纳波利斯艺术博物馆藏

第十五章

乾隆皇帝的茶籯

乾隆皇帝的御用"茶籯"，有时也写作"茶籝"，是他特命苏州织造所制，以分格、分层为主要特点，呈架式或箱式结构，精巧素雅，设计独特，反映了文人品位及乾隆皇帝的个人喜好。它们分别放置在紫禁城或各个行宫内的茶舍中，收纳和陈设各式茶具，但与《茶经》等文献中记载的"茶籯"，在材料、形制、功能、风格上都差距较大。

御用之器

北京故宫博物院现藏有乾隆皇帝御用的几套组合茶具，被今人称为"茶籯"，皆造型优美、制作考究，具有很高的艺术价值。这些茶籯有多种样式，但各种样式没有突出其特点，相互之间也没有明显区别。

比如紫檀木书画装裱分格式茶籯，呈半封闭的箱式结构，两侧边框浮雕夔龙纹边饰，内部分为上下两层共5格（有3个屉盒可以抽出），可分别放置黄泥茶叶罐、御制三清茶诗碗、屉盒或炭盒、水铫、筷子、铲子等茶具，这些器物皆在《茶经》中有所记载。

该茶籯整体以名贵的紫檀木制成，不作矫饰，而以宫廷画家徐扬、钱维城、邹一桂等人的文人水墨山水、花卉图以及于敏中所抄录的《朱子试茶录序》作为"贴落"贴在器表为饰。格调高雅，突出了茶事的不同流俗，具有浓厚的文人气息，这是乾隆御用茶具的一大特色，彼时宫

［清·乾隆］紫檀木书画装裱分格式茶籯　故宫博物院藏

钱维城作《山石风景图》

于敏中书《朱子试茶录序》

廷内有多件屏风都是以乾隆皇帝的御笔诗文和臣工所作的书画为装饰的。

又如紫檀木多宝格式茶籯，外部原有一藤编网罩，将其去除后则是一类似多宝格式的陈列器具，分格规整对称，隔板上嵌以薄纱，造型纤巧、简洁大方。其上可放置茶盘2只、黄泥茶叶罐1只、御制三清茶诗碗3只、茶壶1只，抽屉内还可放置其他茶具。

而紫檀木竹编茶籯，外部的藤编网罩保存完好，呈方形分格式，共有上下两层，分别放置茶叶罐、茶壶、茶碗、竹茶炉、炭盒等，并且每格分别装有竹编小窗，可以分别开阖取物。加之边框上有透雕装饰，设计精巧，又素雅清新。

［清·乾隆］紫檀木多宝格式茶籝　故宫博物院藏

［清·乾隆］紫檀木竹编茶籝　故宫博物院藏

　　还有一类茶籝，如黄花梨木竹皮包镶手提式茶籝，其上有金属提手，造型更为简单，携带也更为方便，分有左右两格，中间隔板及两侧边框皆有镂空，线条优美流畅。

　　此外，中国茶叶博物馆亦藏有一件清晚期的竹编茶籝，与北京故宫所藏器物相似。该器为可开阖箱式结构，内部分上下两格，以竹条作为框架和装饰，竹编为面，各角包铜，典雅大方，两侧有铜制提环，方便外出时携带。

　　总之，目前博物馆界将此类收纳茶壶、茶碗等茶器的木制或竹制箱式（分封闭、半封闭、镂空几类）器物统一称为"茶籝"。

在清代之前，"茶籯"之名已有出现，是众多茶具中的一种。然而，无论形制和功能，都与乾隆皇帝御用、今人所称之"茶籯"者相去甚远。

"籯"指一种竹编器具，其作为茶具最早见于唐代"茶圣"陆羽所著《茶经·二之具》中：

> 籯，一曰篮，一曰笼，一曰筥。以竹织之，受五升，或一斗、二斗、三斗者，茶人负以采茶也。

可见，茶籯即茶人采茶时背负的竹编器物，如茶篓、茶篮等。

皮日休曾作《茶中杂咏》，分别以"茶坞""茶人""茶笋""茶籯""茶舍""茶灶""茶焙""茶鼎""茶瓯""煮茶"为题，各赋诗一首，其中"茶籯"描述了茶人清晨时在云泉水边采茶并自得其乐的情景。全诗曰：

> 筤筜晓携去，蓦个山桑坞。
> 开时送紫茗，负处沾清露。
> 歇把傍云泉，归将挂烟树。
> 满此是生涯，黄金何足数。

之后，陆龟蒙和诗《奉和袭美茶具十咏·茶籯》也指出茶籯是山中"野老"斫竹编制、"山娃"早出晚归用以采茶的器具。云：

> 金刀劈翠筠，织似波文斜。
> 制作自野老，携持伴山娃。
> 昨日斗烟粒，今朝贮绿华。
> 争歌调笑曲，日暮方还家。

《茶具十咏》经皮、陆二人一唱一和之后，成为一个固定诗题，直至明清仍有人不断创作。如明代文徵明在其《茶具十咏图》轴上方留白处便题写了《茶具十咏》，其中进一步指出茶籯是山中匠人以带有点点泪痕的湘妃竹所作，更具"巧"与"雅"。全文为：

　　山匠运巧心，缕筠裁雅器。

　　丝含故粉香，篛带新云翠。

　　携攀萝雨深，归染松风腻。

　　冉冉血花斑，自是湘娥泪。

［明］文徵明《茶具十咏图》轴局部　故宫博物院藏

清代汪学金作《和陆茶具十咏·茶籝》，将采茶的小童比作采灵芝的仙人，将茶籝称作"云篮"。全诗曰：

> 携去露未晞，负归日已斜。
> 碧筠衬青篛，轻便宜小娃。
> 仿佛采芝仙，云篮贮瑶华。
> 手拨黄金缕，持傲东邻家。

此外，还有清人董元恺撰《望江南·啜茶十咏 其三》：

> 茶籝满，叶叶占先春。
> 翠霭撷齐双鬓冷，青丝笼就两枪新。衣惹暗香尘。

《茶具十咏》之外，宋苏轼《寄周安孺茶》长诗中也提到春日清晨携笼采茶的场景：

> 闻道早春时，携籝赴初旭。
> 惊雷未破蕾，采采不盈掬。

可见，及至明清时代，即使文人的歌颂赋予了"茶籝"更多的文人雅致，但历代文献中的"茶籝"始终是指采茶时才用到的竹篓，它由匠人以竹制作，携带轻便，尤其适于在山野乡间使用，即使小童也不例外。

酷爱风雅的乾隆皇帝本人也延续了前人传统，在前述文徵明《茶事图》上题跋御制诗《茶具十咏》，其中"茶籝"曰：

> 编竹为籝雅制精，品殊部别贮分明。
> 设因功用论甲乙，合向其中号建城。

"建城"是用来盛放茶叶的竹笼，由于"建安民间以茶为尚，故据地以城封之"。顾元庆《茶谱》中有"茶宜密裹，故以叶笼盛之……今称建城"的相关记载，高濂《遵生八笺·饮馔服食笺》中也称"建城"是"以箬为笼，封茶以贮高阁"之物。可见，此时乾隆笔下的茶籯已非采茶笼或采茶篮，而是用来分类和贮存茶叶的一种器具。

另外，在《题居节〈品茶图〉用文徵明茶具十咏韵》之"茶籯"中，他又写道：

> 严阿蠹苍筤，裁作贮荈器。
> 烟粒含宿润，晓箬带生翠。
> 倾则未觉盈，携之犹怜腻。
> 高咏夷中诗，伊人岂无泪。

"荈"即老茶，此诗中的茶籯含义较为模糊，以竹制成，轻盈便携，可以是采茶所用，也可以是储茶所用的竹编茶叶罐。

不难看出，无论是实物还是文献资料，陆羽的《茶经》及历代文人所吟咏的"茶籯"与乾隆皇帝的御用"茶籯"大为不同。形制上，陆羽等人所谓的"茶籯"是竹编的篮或篓，而乾隆皇帝的"茶籯"则分层、分格，呈架式或箱式结构；材料上，陆羽等人的"茶籯"纯以竹编，而乾隆皇帝的"茶籯"则以木料为主，亦有金属或竹编装饰；功能上，陆羽等人的"茶籯"用于采茶，而乾隆皇帝的"茶籯"则用于收纳各式茶具；风格上，陆羽等人的"茶籯"器型简单、朴素无华，而乾隆皇帝的"茶籯"构思精巧、技艺精湛，且具有素雅的文人气息。

名称之谬

在记录清宫各项造办活动的档案《养心殿造办处各作成做活计清档》

（简称《活计档》）中，也并没有发现有关"茶籯"的记载，可知彼时宫廷内并没有使用名为"茶籯"的器具，今人的"茶籯"之称应属谬误。

那么，乾隆皇帝这几件颇为特殊的器物在当时究竟是何称谓，其真正的使用情况又是如何呢？《活计档》中有数条"茶具"条目的记载，其材质、功能等都与本文所述器物相吻合。如：

> （乾隆二十三年）著照先做过茶具再做二分，其高矮大小俱各收小些，水盆、茶叶罐、宜兴壶不要，钦此。将苏州织造安宁送到紫檀木茶具一分，木茶具一分持进，交太监胡世杰呈览，奉旨将紫檀木茶具在泽兰堂摆，其木茶具在焙茶屋摆，钦此。

又如：

> （乾隆二十三年）著苏州织造安宁照先做过茶具再做二分，随冰盆、银杓、银漏子、银靶圈二件，宜兴壶、茶叶罐、不灰木炉（竹茶炉），铁钳子、铁快子、铜炉、镊子、铲子、竹快子等全分。将木茶具一分在春风啜茗台安。

一般认为，《活计档》中的"茶具"即乾隆皇帝的"茶籯"，如廖宝秀《乾隆茶舍与茶器》一书中所说，"非指一般泛称之茶具，清宫档案系专指盛装茶器的茶籯或茶器柜"。

这些御用"茶籯"，原本置于乾隆皇帝特别修建的各个茶舍中，如香山静宜园的竹炉精舍、玉乳泉、试泉悦性山房，清漪园的春风啜茗台、清可轩，紫禁城的玉壶冰、碧琳馆，避暑山庄千尺雪，盘山静寄山庄千尺雪，西苑的焙茶坞、千尺雪，玉泉山静明园的竹炉山房，以及圆明园池上居等。

上述茶舍大部分都是在乾隆数次南巡后，因追慕江南文人风雅生活

［清·乾隆］张宗苍《弘历行乐图》 故宫博物院藏

而建造的，除玉壶冰和碧琳馆外，大部分都位于避暑山庄、盘山等各处行宫或颐和园等皇家园林内，乾隆皇帝偶至茶舍内小憩、啜茶并题诗，现存4万多首乾隆皇帝御制诗中，就有千余首茶诗。

乾隆皇帝的"茶籯"安置在各处茶舍内，抑或出行时随身携带之物，它常与竹茶炉、炭盒、茶叶罐、茶壶、茶托以及写有御制诗文的茶碗等器物一起出现，成为一套乾隆个人特色鲜明的组合茶具。

这些茶具皆以简淡素雅为贵，与彼时清宫中流行的繁复华丽、争奇斗艳的珐琅彩器物不同，它们更符合文人的审美品位。在其一旁常配以茶圣陆羽的造像或画像，以及其收藏的历代著名茶画。这些与茶事相关的建筑、器物和书画等共同构成了乾隆皇帝钟爱的"茶空间"。在这样的空间内，乾隆皇帝的"茶籯"常常被摆放在靠墙边的高几上。

［清·乾隆］紫檀木编茶簏及茶具　故宫博物院藏

当然，此类收纳各式茶器的器物并非无迹可寻，陆羽在《茶经·四之器》中便提到过"具列"：

具列：具列或作床，或作架。或纯木、纯竹而制之，或木或竹，黄黑可扃而漆者。长三尺，阔二尺，高六寸。具列者，悉敛诸器物，悉以陈列也。

另有"都篮"：

都篮：以悉设诸器而名之，以竹篾，内作三角方眼，外以双篾阔者经之，以单篾纤者缚之，递压双经，作方眼，使玲珑。高一尺五寸，底阔一尺，高二寸，长二尺四寸，阔二尺。

明清时期，"具列"和"都篮"仍有使用，明代乐纯《雪庵清史》中曾记载了当时"好事者家藏一副"都篮的情形。两者都是以竹或木所制，在煮茶过程中或煮茶完毕后用以收纳器物所用的茶具，具列分床式和架式两种，都篮则是竹编的方箱。

陆羽《茶经》中的"具列"，与乾隆的藤编网罩式"茶籝"、开门式"茶籝"的架式结构有许多相近之处；而陆羽《茶经》中的"都篮"则与书画装裱分格式"茶籝"的箱式结构，以及有藤编网罩和透明纱窗的"茶籝"有相近之处。

"具列"和"都篮"作为茶具中的一种，在绘画中也偶有出现，如传为宋徽宗的《文会图》中，宴席旁的空地上几位童仆正在备茶，右下方桌边即有一半开的木箱，类似"都篮"，其中隐约可见茶杯、茶碗等物。北宋李公麟的《龙眠山庄图》卷中，有两处烹茶场景，其中都放有一只方箱，外有绳索捆绑结实，以便携带，有学者视其为"方形都篮"。

在传为刘松年的《斗茶图》中，描绘了几位茶人相聚一处相谈甚欢、斗茶品茗的场景，他们身旁都放有竹编的、类似"具列"的器具，其上分层摆放着茶炉、茶壶、茶盏等各式茶具，琳琅满目，以备使用。

元代赵孟頫同样有《斗茶图》传世，其中茶人身边的茶具换成了有提梁、木制或竹制的方箱，与文献记载中的"都篮"有相近之处。

《文会图》中的"都篮"

《龙眠山庄图》卷中的"方形都篮"

《斗茶图》中的"具列"

　　这些绘画中的茶具是否是"具列"或"都篮"仍有待考证，不过至少在形制与功能上都与《茶经》中所记有所吻合。

　　宫廷画家郎世宁等人曾为乾隆皇帝绘制过一系列行乐图，如《高宗观月图》《乾隆帝岁朝行乐图》《弘历雪景行乐图》等，皇帝身边都出现了形如"具列"的茶具，或摆在殿外廊下，或摆在屋外树下。均有2—3层，最下方有一炭匣，用来放置烧水用的木炭，各层依次罗列水罐、茶炉、茶叶罐、茶壶、盖碗等物，种类齐全，以便皇帝啜茶时取用。

值得一提的是，《高宗观月图》是郎世宁等人依据冷枚《赏月图》所作，其中人物衣着、姿态、环境布置等，均与冷枚所画皆无二致，但"具列"乃唯一添绘之物，可见此物对乾隆皇帝的重要性。

另外，在孙祜、周鲲、丁观鹏清院本《汉宫春晓图》中也出现了侍女在"具列"旁煽火烹茶的场景。

"具列"在乾隆皇帝行乐图中的反复出现，说明当时清宫中这类器物确实存在并且经常得以使用，其材质和功能与"茶籝"符合，因此廖宝秀认为"乾隆茶具一般通指茶器柜，并且带整套品茗用器，茶具名称或源自唐代陆羽《茶经·四之器》中的具列，有陈设和收纳茶器的功能"。然而，"茶籝"与"具列"虽然略有接近，可能属于同一类器物，但不完全等同。

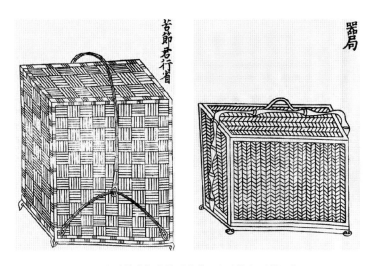

顾元庆《茶谱》中的"苦节君行省"与"器局"

"具列"和"都篮"之外，明人顾元庆于1541年所作的《茶谱》中记载了茶具中有"苦节君行省"一项：

茶具六事，分封悉贮于此，侍从苦节君（即竹茶炉）于泉石、山斋、亭馆间。执事者，故以行省名之……陆鸿渐所谓"都篮"者，此其足与款识。以湘筠编制，因见图谱，故不暇论。

可见，此处所谓的"苦节君行省"即"都篮"的一种雅称，它仍指的是贮存各式茶具的器物。另有"器局"一项：

右茶具十六事，收贮于器局，供役苦节君者，故立名管之。盖欲归统于一，以其素有贞心雅操，而自能守之也。

明人高濂在《遵生八笺》中，也提到"器局"是"竹编为方箱，用以收茶具者"，"器局"和"苦节君行省""都篮"一样，同样是用以收纳茶具的竹编方箱。又据《遵生八笺》和屠隆《茶笺》记载，当时还有一种竹编的茶具"品司"，呈提盒模样，用以盛放茶叶或瓜果。

在对历代文献和绘画中的"茶籯""建城""都篮""具列""苦节君行省""器局""品司"等茶具进行梳理后，我们可以断定，它们均与乾隆皇帝的御用"茶籯"有所区别，不可混为一谈。

创新之物

乾隆皇帝的这些"茶籯"，就形制和功能而言都有所改进，更像是"具列"和"都篮"的结合，它既有"具列"的分格、分层的架式结构，又有"都篮"的箱式外观，具有收纳和贮存各式茶具的用途，可以看作一种创新型茶具。

据《活计档》记载，此类创新型茶具都是由乾隆皇帝指派苏州织造承做，属于专项工程。按照当时宫廷御用器物制作的流程，皇帝下旨后，先由造办处出画样，等皇帝御览批准后再交由各织造处依样制作。

中国台湾学者吴美凤《盛清家具形制流变研究》一书有述，乾隆时期宫廷家具的来源颇多，但主要"以内务府养心殿造办处各作承做为主"。此外，江宁织造、苏州织造、杭州织造等除供奉皇室所需丝绸、绫绢等原材料之外，还要承担一部分宫廷家具的制作，类似于内务府委托代工之加工厂，是当时宫廷家具的重要来源之一。"三大织造"在顺治四年（1647）左右成立，而到了乾隆十二年（1747）的时候，承做皇室交办的家具已经成为定例。在"三大织造"中，苏州织造承做的苏式家具最为优秀，也最具文人特色，往往能得到乾隆皇帝的格外青睐。

　　乾隆皇帝之所以醉心于制作此类创新型茶具，与他的数次南巡经历有关。江南一带茶事活动兴盛，文人们时常雅集品茗，因此格外注重茶具的使用和制作。乾隆皇帝极好风雅，对于饮茶和江南文人们的茶事活动无比热衷，不可能不受其影响。

　　而现存的许多明清时期的文献中，对于江南茶事和茶具使用也有许多细节描述。明人许次纾《茶疏》中就有提及，当时文人出游必定会携带茶酒美食，因此需要可分层分格置物的撞式提盒来盛装：

> 　　士人登山临水，必命壶觞。乃茗碗薰炉，置而不问，是徒游于豪举，未托素交也。余欲特制游装，备诸器具，精茗名香，同行异室。茶罂一、注二、铫一、小瓯四、洗一、瓷合一、铜炉一、小面洗一、巾副之，附以香奁、小炉、香囊、匕、箸，以为半肩。薄瓷贮水三十斤，为半肩足矣。

　　此类撞式提盒在明清时期十分常见，它们均设置为多层多格，上有提梁，方便提携搬运。出游时可以将茶具、酒具、食具，以及笔墨纸砚等一起收纳，十分实用和便利，明人戴进《春游晚归图》中就有此类器物出现。

　　除了上述最常见的分层撞式提盒之外，还有一种内部分层分格、外有箱盖的橱柜式提盒。明人高濂《遵生八笺》中提到他曾自制这类器物，并命为"提盒"与"提炉"。

不过，除了有橱门外，高濂自制的这种"提盒"仍属于普通提盒的范畴：

> 高总一尺八寸，长一尺二寸，入深一尺，式如小厨，为外体也。下留空，方四寸二分，以板闸住，作一小仓，内装酒杯六，酒壶一，筋（箸）子六，劝杯二。上窄作六格，如方合（盒）底，每格高一寸九分，以四格每格装碟六枚，置果殽供酒筋，又二格，每格装四大碟，置鲑莱供馔筋（箸）。外总一门，装卸即可关锁，远宜提，甚轻便，足以供六宾之需。

至于"提炉"，分为3层，虽"式如提盒"，但构造更为复杂：

> 下层一格如方匣，内用铜造水火炉，身如匣方，坐嵌匣内。中分二孔，左孔炷火，置茶壶以供茶；右孔注汤，置一桶子小镬有盖，顿汤中煮酒。长日午余，此镬可煮粥供客。傍凿一小孔，出灰进风。

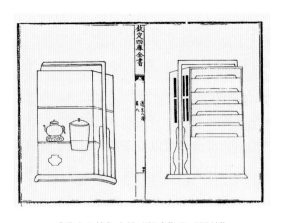

《遵生八笺》中的"提盒"和"提炉"

其壶镶迥出炉格上，太露不雅，外作如下格方匣一格，但不用底以罩之，便壶镶不外见也。

此"提炉"可将水瓮和茶炉嵌入格内烧水和烹茶，并凿有小孔以利于出灰和进风，另有专格置炭以备用，设计十分巧妙。因外部罩有橱门，可使茶壶等不外露，能够保持洁净美观。

北京故宫博物院还藏有一系列的长方提匣，皆与高濂所自制的橱柜式"提盒"相接近，其上有提手、外有橱门、内部有尺寸不一的分层和分格，在材料、形制和功能上与乾隆皇帝的御用"茶籝"保持一致。更为重要的是，乾隆皇帝的这种御用"茶籝"也是分层分格，并将茶壶等物嵌入其中，简直与高濂自制"提炉"如出一辙。

此外，乾隆皇帝的部分"茶籝"可能是由当时宫中旧有的其他家具改制而成。清宫中有许多后世称为"多宝格"的小型橱柜，是专门用以贮存和展示各种古玩器物的新式家具。早在康熙时期，宫中开

［清］红漆描黑三清茶锺
故宫博物院藏

［清］乾隆款剔红银里三清茶锺　1959年国家文物局拨交　中国国家博物馆藏

［清］剔红三清茶锺
天津博物馆藏

始将各种文玩收集于同一"多宝格"内，乾隆时期则更为普遍。

"多宝格"的独特之处，在于用隔板将内部分割成形状不等、高低不齐、错落有致的空间，既有体积较大、落地式的，又有小巧轻盈、可以放置于案几上的。特别是后者，在材料、形制、功能，甚至在尺寸和宫内陈设位置上，均与乾隆皇帝的御用"茶籯"非常接近，不得不让人联想两者之间的某种关系。或者可以说，乾隆皇帝的御用"茶籯"与宫中的这类"多宝格"就是同一器物。

如现藏北京故宫博物院的一件清中期的紫檀木书画屏小多宝格，长21厘米、宽13厘米、高19.2厘米，其形制有如屏风相连，正背各4扇，两侧各2扇，各面皆浮雕仰覆莲瓣须弥座，并裱有清人钱维城所作的书

［清中期］紫檀木书画屏小多宝格　故宫博物院藏

画作品。从一侧两扇屏风间打开可将其分为两部分，内部中空成镂空花牙多宝格，并且两边不对称。此物与上文提及的紫檀木书画装裱分格式茶籯的制作工艺完全相同。

另有一件紫檀木多宝格柜，也是内部用隔板分为错落有致的空间，有抽屉可置物，亦与紫檀木书画装裱分格式茶籯十分相近。据此，徐珂在其《乾隆皇帝御用"茶籯"新探》一文中推测，那件紫檀木书画装裱分格式茶籯本就是一件"多宝格"，后来用以盛放茶壶、茶碗等，才成为专门的茶具。

由此可见，乾隆皇帝的这些御用"茶籯"，当时在清宫中被称为"茶具"，其形制和功能与"具列""都篮"等传统茶具有所相似，但并不等同，此类"茶籯"更像是两者的结合体。这种新式茶具的产生，可能受到明清时期文人出行时所用"提盒""提炉"等器具的影响，也可能有一部分是由当时宫中旧有的"多宝格"类器物改制而成。

第十六章

清宫里的紫砂茶具

作为王朝的最高统治者，皇帝一直都是茶文化的倡导者。当饮茶之风在清宫开始盛行时，细腻、温润、益于茶香的紫砂茶具也随之进入皇家视野，并成为宫廷必需品。北京故宫博物院收藏的紫砂器有400余件，其中多数为紫砂茶具，并以清代制品为主。这些藏品制作精美，造型丰富，艺术价值极高。

仿"大彬"壶

从文献记载看，明代紫砂壶制作相当兴盛，明周高起的《阳羡茗壶系》一书中就记录了不少制壶的"名家"和"大家"。明代最有声望的"名手"是供春，又有"四家"（董翰、赵梁、袁锡、时朋）及"三大"（时大彬、李仲芳、徐友泉）之说。

晚明人时大彬是当时的"三大"之一，也是后人研究明代紫砂壶的重点匠人。时大彬在紫砂工艺的发展中有很大贡献，他不仅自己制壶，同时培养了许多制壶名手，并总结前人的经验，改进了"断木为模"的制法，以糙片、围圈、打身筒的方法成型，或用泥片镶接成型。

明清两代文献中常把时大彬与供春并列，如明人文震亨《长物志》有言：

壶以砂者为上，盖既不夺香，又无熟汤气。供春最贵，第形不雅，亦无差小者，时大彬所制又太小，若得受水半升，而形制古洁者，取以注茶，更为适用……往时供春茶壶，近日时大彬所制，大为时人宝惜。盖皆以粗砂制之，正取砂无土气耳。

明人袁宏道《瓶花斋杂录》中亦有言：

近日小技著名者尤多，然皆吴人。瓦瓶如龚（供）春、时大彬，价至二三千钱。龚（供）春尤称难得，黄质而腻，光华若玉……

这些记载对时大彬、供春制壶的风格予以总结，同时也说明时大彬是供春以后的"名手"，他们二人制壶价值一样高。遗憾的是，二人的传世真品极少。

目前北京故宫藏有4件"大彬"款的紫砂壶，即："大彬"款诗句壶，通高27.5厘米，紫黑色砂体带细小石榴皮，壶腹部一面竖刻行书"江上清风，山中明月"8字，文尾刻"丁丑年，大彬"款；"大彬"款六方壶，高6.5厘米，紫红色砂体带黄色梨皮点，壶底刻"甲辰春日时大彬制"款；"大彬"款扁圆壶，高4厘米，壶身带黑色的梨皮点，壶底刻"大彬"款；"时大彬制"高筒壶，高13厘米，壶底刻"时大彬制"款。

"大彬"壶是明代紫砂器中的名品，在当时和后代仿制很多，这给鉴定带来一定的难度。好在近几十年来国内一些明代晚期墓葬中出土了数件"大彬"款的紫砂壶，为鉴定提供了参考。这些"大彬"款紫砂壶分别是：1968年，江苏江都县丁沟镇万历四十四年（1616）曹氏墓出土的"大彬"款六方紫砂壶；1984年，江苏无锡甘露乡崇祯二年（1629）华师伊夫妇墓出土的"大彬"款三乳足紫砂壶；1986年，四川绵阳红星街明窑藏出土的腹部阳刻"大彬仿古"款圆形紫砂壶；1987年，福建漳浦盘陀镇明万历三十八年（1610）工部侍郎卢维祯夫妇合葬墓出土的"时大彬制"款带盖紫砂壶；1987年，陕西延安柳林乡镇崇祯十五年（1642）杨如桂墓出土的"大彬"款提梁紫砂壶；1987年，山西晋城大阳镇明崇祯五年（1632）张光奎墓出土的"时大彬制"款圆壶……

上述数件晚明墓葬出土的"大彬"款紫砂壶，造型各不相同，胎色亦有所差别，但总体给人的感觉是古朴、简练、大方，有大明风韵。而

［清］"大彬"款诗句壶　故宫博物院藏

［清］"大彬"款六方壶　故宫博物院藏

［清］"大彬"款扁圆壶　故宫博物院藏

北京故宫藏的这4件"大彬"款紫砂壶，精致有余，气韵不足，均为清代仿品。

乾隆的紫砂茶具

北京故宫收藏的紫砂茶具以清代居多，造型和装饰都有不少创新之处，不难看出清代是紫砂茶具的高度发展时期。当时的紫砂茶具品种很多，器物上还有刻花、印花、堆花和彩绘等。据乾隆十八年（1753）三月《记事档》载：

> 于本月初四日员外郎白世秀来说，太监胡世杰传旨：从前传做茶具内宜兴壶茶叶罐着南边照样做一份……钦此。

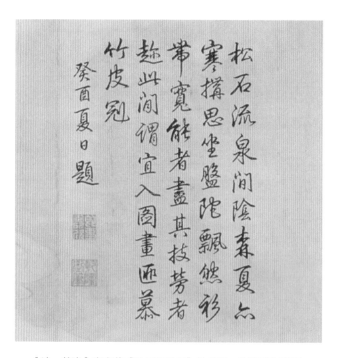

[清·乾隆]张宗苍《弘历行乐图》轴局部　故宫博物院藏

可以证实，乾隆时宜兴紫砂茶具已经作为皇室贡品。清宫旧藏中就有许多非常精巧的乾隆紫砂茶具，这些器物带有纪年款、干支款或人名款，是紫砂茶具断代的重要参考资料。

清宫旧藏的紫砂器中，最引人注目的也是乾隆茶具，有多件茶壶、茶叶罐均带有乾隆御题诗和各式图案。御题诗均为乾隆皇帝于1724年所作的《雨中烹茶泛卧游书室有作》，"卧游书室"为船的名称；各式图案都是用很细的泥浆慢慢堆画出来的，画面生动自然，这种用泥浆绘画的技法是紫砂陶艺的创新。

还有标注茶名的茶叶罐，如高桩六方式茶叶罐，腹部六面分绘松、竹、梅、荷花及花鸟纹饰，罐盖面上有"雨前""莲心"茶名；圆筒形茶叶罐，腹部绘芦雁纹，罐盖上有"六安""珠兰"茶名。

上述的一些紫砂茶具，分别与乾隆皇帝举行茶宴时喜用的青花松竹梅纹诗句盖碗或矾红彩松竹梅纹诗句盖碗组合在一起存放于紫檀木或竹编的茶籯内。据清宫旧档记

[清·乾隆] 烹茶图描金御题诗句壶
故宫博物院藏

[清·乾隆] 烹茶图御题诗句壶
故宫博物院藏

载，这种成套的乾隆紫砂茶具原藏处为承德避暑山庄等地方，后被收入北京故宫博物院。不难看出，此类成套的茶具是乾隆皇帝巡游时的用品。

在清宫藏品中有三件乾隆烹茶图御题诗句壶，壶造型独特，撇口、细颈、硕腹、大底，腹部两侧置曲柄和长流，腹部两面一面开光人物烹茶图，一面是御题诗，题目为《惠山听松庵用竹炉煎茶因和明人题者韵即书王绂画卷中》，是乾隆十六年（1751）所作。另有一件紫砂粉彩烹茶图御题诗句壶，造型与前三件相似，只是通体饰粉彩，腹部两面一面是开光人物采茶图，一面是御题诗《冷泉亭观采茶作歌》。

除此之外，还有原存放在故宫养心殿乾隆款绿地描金瓜棱壶、原存放在故宫永寿宫的乾隆款紫砂小壶以及紫砂描金山水人物诗句壶，这些都是乾隆时代的标准器。

清宫藏品中还有部分无款紫砂壶，如仿金漆的六方式、竹节式壶，仿瓷器式样的僧帽壶、圆壶、提梁壶、竹节壶，仿铜器式样的方斗壶，仿瓜

［清·乾隆］绿地描金瓜棱壶　故宫博物院藏

［清·乾隆］黑漆描金菊花纹壶　故宫博物院藏

果类的南瓜式壶、桃式壶、凸雕百果壶，以及凸雕蟠螭纹壶等。这些紫砂壶胎泥较细，工艺精良，制陶风格近似于景德镇生产的乾隆时代的瓷器。

"曼生"款壶与"杨彭年制"款壶

"曼生"款壶与"杨彭年制"款紫砂壶，是清代嘉庆、道光年间的紫砂名品。

一般认为，"曼生"是清代著名画家、篆刻家陈鸿寿的别名，他所制之壶在壶身镌刻诗句和"曼生"铭，因此也得名"曼生壶"。又一说陈鸿寿喜爱紫砂壶，他在宜兴为官时其居处名为"阿曼陀室"，所以"曼生壶"的底款为"阿曼陀室"篆字印章式款。而且，陈鸿寿经常将设计好的壶样交给制壶名手杨彭年制作，杨彭年会把名字印在壶盖里或壶柄的下端。陈鸿寿本人在壶身镌刻的铭文也很讲究，或关于茶或关于壶，抑或历史典故、座右铭等。

以上是对"曼生壶"的一般说法，其实联系实物也不尽然，从北京故宫的藏品中可看出"曼生壶"的款识与刻铭也是丰富多样的。

描金山水题字壶，此壶腰圆式腹、短流、曲柄，盖与壶口密合，底凸印"阿曼陀室"篆字款识。整个壶体结构严谨，制作精巧，壶泥细腻，呈暗紫色。腹部金彩纹饰亮丽，绘"两峰神云"图，其画面在两座嶙峋的山峰间立一亭台，画面的左上方篆体横书"两峰神云"四个字。这四个字与画面结合起来欣赏，给人以遐想，每当壶中茶水的腾腾热气从壶里、杯里冒出时，仿佛团团神云从峰间而过，像是一处"神仙府地"，表现文人墨客在亭台间饮茶作乐时悠闲风雅的情景。加之背面"生平爱茗饮"的题字，饶有一番情趣。此壶仅有"阿曼陀室"底款，无工匠款识，绘画林木苍郁，湖石奇秀，又有浓重的金石味，应是曼生作画。

诗句题字壶，此壶圆形腹、短流、曲柄，通体结构线条圆润并达到流、口、柄三平的技术水准。整个壶底宛如瓦当，凸印一只展翅飞鸟，在双翅上

[清·嘉庆] 描金山水题字壶　故宫博物院藏

印篆体"延年"两字，款识十分新颖。壶盖里有"彭年"小印章款，腹部刻"鸿渐于磐，饮食衍衍，是为桑苎。翁之器垂名不刊，曼生为止候铭"25字，铭刻笔力遒劲，不难看出此壶是"曼生"为好友"止候"制作的。

"阿曼陀室"款南林铭四方壶，此壶仿佛四方形但棱角非常圆润。底款凸印"阿曼陀室"四字篆款，壶盖里有"竹溪"小印章款，壶腹部刻"外□古朴中□□，南林刻"十字铭。"竹溪"原名吴月亭，是嘉庆、道光时人，咸丰元年（1851）尚在世，工制壶，善铭刻、刀法流利。"南林"原名为王南林，是乾隆、嘉庆时著名陶艺人。这件紫砂壶圆润古朴，是王南林与竹溪合作的陶艺，虽然是"阿曼陀室"款，但不是"曼生壶"。

综上分析，"曼生壶"款识多数为"阿曼陀室"，壶盖里或柄端为工匠杨彭年小印章款。"曼生壶"也有其他款识或无款者，但有"阿曼陀室"款的不一定都是"曼生壶"，需结合铭文确认。其铭文除陈曼生自题外，有时也与好友相互题句、铭刻或用金彩绘画、题诗。可见，紫砂壶在文人墨客优游生活中有着独特的地位。

［清·嘉庆］诗句题字壶　故宫博物院藏

［清·嘉庆］陈曼生款扁壶　故宫博物院藏

关于"曼生壶"的主要合作者，据《阳羡砂壶图考》介绍，除杨彭年外就是杨宝年、杨凤年及吴月亭（竹溪）。其实不仅于此，其合作者尚有他人。

总之，"曼生壶"是文人官员与手工艺人相互结合创造出来的新型紫砂壶作品，与实用相结合，造型精巧，镌刻字体遒劲，"阿曼陀室"款篆字清晰，笔多圆篆，严整淳古。因而"曼生壶"融紫砂与书法、篆刻为一体，为紫砂茶具的发展开辟了一条新路。

"杨彭年制"款紫砂壶也很珍贵，杨彭年不仅与一些画家、篆刻家合作，同时也独自制壶。北京故宫博物院藏有"杨彭年制"款汉泉壶、"杨彭年"款刻梅花题字提梁壶（子冶镌刻，子冶原名瞿应绍，字子冶）、"杨彭年制"款描金山水壶及"彭年"款覆斗式壶等。这些壶或浑朴厚重，或玲珑秀巧，均具天然之趣。

［清·嘉庆］"杨彭年制"款锡包方壶　故宫博物院藏

［清·嘉庆］锡包圆壶　故宫博物院藏

"行有恒堂"款茶具

　　"行有恒堂主人"是第五代定亲王载铨（1794—1854），他历任礼部、工部尚书，晚年出掌宗人府，颇得道光、咸丰二帝的欢心。载铨收藏古玩较丰，是个好茶之人，"行有恒堂"款的器物应是其定制的。一般器身刻有"行有恒堂主人制"或"行有恒堂主人珍用"等铭，不加"定府"两字，但有的加印"定府清赏"方章，器底多为"行有恒堂"四字篆款。清代道光、咸丰二朝的瓷器上见有此款，都是皇亲贵族使用的器物。

　　北京故宫博物院藏的"行有恒堂"款紫砂茶具较为突出。刻诗句圆壶，壶为圆腹、曲柄、短流，盖面平整，深紫红色砂胎，壶泥较细，腹部印四言诗"挹彼甘泉，清冷注兹。先春露芽，一枪一旗。烹以兽炭，活火为宜。素瓯作配，斟斯酌斯。咸丰壬子春，行有恒堂主人制"，文后落"定邸清赏"篆书方章款，是咸丰二年（1852）制品。

[清·道光]"行有恒堂"款蝠纹桃式杯　故宫博物院藏

　　"行有恒堂"款蝠纹桃式杯，杯外刻五言六句诗，此类黑砂器在道光以后就很少见了。

　　还有一些"行有恒堂"款紫砂茶具，器里挂白釉开细小纹片，胎体有紫砂、紫褐砂、黑砂。陶艺技巧娴熟，并具有宫廷御用的风格。

"玉麟"款和"愙斋"款茶具

　　"玉麟"款和"愙斋"款紫砂茶具，均为晚清紫砂名品。

　　"玉麟"原名为黄玉麟，是晚清继杨彭年之后又一著名紫砂艺人。据说生于道光末年或咸丰初年，殁于民国初年，终年60余岁。在制壶技艺上是个多面手，方圆器型都擅长，每器结构、纹饰均清晰干净，但一般圆器终觉腴润有之，巧丽欠缺。

　　"愙斋"是晚清金石大家吴大澂（1835—1902）的号，他擅长书法，收藏各家彝器、碑帖拓本，著有《愙斋集古录》等多部著作，其紫砂壶都为"愙斋"款。据说黄玉麟曾受聘于吴大澂家，将吴氏收藏的青铜器、古陶器的造型特色融入紫砂器中，因此吴大澂与黄玉麟经常合作紫砂壶，继承和发扬了陈曼生与杨彭年的制壶风格，集紫砂与篆刻为一体。

北京故宫收藏的"玉麟"款砂器，有光素扁圆形紫砂壶、覆斗式金文米色砂壶、扁形葫芦式东溪刻字紫砂壶及树瘿壶等。这几件壶有的圆润，有的金石韵味浓厚，有的结构巧妙。特别是树瘿壶榖绉满身，理纹缭绕，是黄玉麟与吴大澂合作的仿明供春壶。

北京故宫藏有多件"愙斋"款的紫砂壶，如"东溪"铭方斗式壶，腹部刻"一勺水、八斗才、引话话，词源来"。再如"东溪"铭扁圆形壶，盖里"逸间"小印章款，腹部刻"润我喉，伴我读，温其必至"。还有一件"东溪"铭王南林题字的提梁壶，盖里有"国良"小印章款。

综合以上资料可证，"东溪"也是晚清时期一位著名篆刻家，常与黄玉麟、吴大澂等人合作制壶，一起切磋技艺。东溪者，据云姓赵名松亭，同治、光绪年间人，精于刻陶，所刻颇见古人笔意，署款或别作"东溪生""东溪渔隐"。

［清·乾隆］"王南林"款茶叶罐　故宫博物院藏

小紫砂器

北京故宫博物院还藏有一些高度不足10厘米的小紫砂器，有乾隆、嘉庆、宣统等时期的，多数都具有年款或斋堂款。如嘉庆四年（1799）"澹然斋"款紫砂小壶，壶腹刻"共约试新茶，旗枪几时绿，嘉庆四年秋日刻，徐展亭"，文尾有一方章款，内篆书"壶痴"二字。

另有一件篆书"壶痴"款包袱式壶，壶体线条圆润严谨。"壶痴"姓氏不详，从现有资料可知为清中晚期人，喜作包袱式壶。

再如宣统时期的小紫砂壶有十多种，器型各异，有圆式、瓜式、竹节式、提梁式等，还有带三个乳足，壶的胎色以紫红为主，其次还有暗红、深米黄色等。它们共同的特点是器底均有两行八字篆书款"宣统元年（1909）正月元日"，壶盖气孔旁有"匋斋""宝华庵制"款。

"匋斋"是清末满洲正白旗人端方的号，字午桥，堂号"宝华

［清·嘉庆］"澹然斋"款紫砂小壶
故宫博物院藏

［清末］"壶痴"款包袱式壶
故宫博物院藏

［清·宣统］瓜式小壶
故宫博物院藏

［清·宣统］端方款小壶
故宫博物院藏

［清·宣统］端方款提梁壶　故宫博物院藏

［清·宣统］端方款高井栏壶　故宫博物院藏

［清·宣统］高井栏壶　故宫博物院藏

［清·宣统］端方款四乳足壶　故宫博物院藏

庵"，咸丰十一年（1861）生，宣统三年（1911）卒。光绪时举人，得慈禧太后宠信，曾任湖广总督、两江总督，1909年移督直隶，被摄政王载沣罢免。他精通金石学，又酷爱陶瓷，著有《匋斋吉金录》等著作。"匋斋"宣统元年小紫砂壶应是端方本人订烧的，这些壶都光素无纹饰，很是精巧、素雅。

北京故宫博物院还藏有乾隆红砂六角形鸟纹小茶叶罐、灰砂四方印花梅兰竹菊纹小茶叶罐、"王胜长制"款紫砂小壶等。总之，这些小件紫砂器胎泥较细，做工精良，都有刻花、印花、雕花装饰或彩绘花纹，极为秀丽精致。

余语

宜兴紫砂茶具本是民间百姓日常生活用具，随着清初宫中茶事的盛行和皇帝的喜爱，被选为贡品进入宫廷。从康熙时期少量使用，到雍正、乾隆时期步入真正成熟发展时期，宜兴紫砂茶具逐渐成为清宫御用器中的一部分。皇帝的茶事活动除了享受茶品的美味之外，也注重茶具的质感，更追求茶事活动的风雅与自然，而皇室的特殊地位也要求一种相应的、超脱于民间的、具有宫廷气质的器物，宫廷紫砂茶具应运而生。清宫中御用的紫砂茶具，在材质、工艺等方面代表了紫砂器制作的最高水平。

第十七章

慈禧的『大雅斋』茶具

在清朝200多年的历史中，慈禧历咸丰、同治、光绪三朝，统治中国近半个世纪之久，是中国近代史上显赫一时、影响至深的一个重要历史人物。在她的一生中，除了朝纲独揽，除了擅权专政，还有很多细腻的爱好，比如喝茶。

从兰贵人到慈禧太后

慈禧姓那拉氏，因其先祖世居于叶赫（今吉林省梨树县），故又称作叶赫那拉氏。道光十五年（1835）十月初十日，慈禧生于北京西四牌楼劈柴胡同一个中等官宦之家。其祖父景瑞当过刑部郎中，父亲惠征当过安徽徽宁池广太道道台，都是五品官员。

咸丰二年（1852），那拉氏通过选秀女进入皇宫，起初只是无级别的"贵人"，被称为"兰贵人"。因其聪明伶俐而颇得咸丰帝宠幸，咸丰四年（1854）晋封为懿嫔。咸丰六年（1856）三月二十三日，在储秀宫生下皇长子载淳，这也是咸丰帝唯一的儿子，为此她从嫔的级别升为妃，称为"懿妃"。咸丰七年（1857），又晋封为"懿贵妃"，成为后妃等级中的第三级。

咸丰十年（1860），英法联军入侵北京，咸丰帝率领各宫眷避难热河避暑山庄。次年（1861）八月，咸丰帝病死，遗命其子载淳继承皇位。

咸丰帝在世时，皇后是钮祜禄氏，按制载淳以钮祜禄氏为嫡母，而其生母那拉氏只能为其庶母。所以咸丰帝死后，同治帝为其母上尊号时，称钮祜禄氏为"母后皇太后"（慈安皇太后），称那拉氏为"圣母皇太后"。

又因为皇后钮祜禄氏住在皇宫中东六宫的钟粹宫，慈禧住在西六宫的储秀宫；当咸丰帝避难热河时，皇后与慈禧又分别住在避暑山庄烟波致爽殿的东、西暖阁，所以钮祜禄氏又被称作"东太后"，慈禧被称为"西太后"。

咸丰帝生前身体状况欠佳，所以时常由慈禧代为批览奏折，她从中体会到拥有至高皇权的快乐，也逐渐滋生了对权力的欲望。咸丰帝病危时，遗诏立其6岁的儿子载淳为皇太子，继承皇位，同时任命户部尚书肃顺等8人为"赞襄政务王大臣"。另外，咸丰帝还把其印章"御赏"与"同道堂"分赐给皇后钮祜禄氏和载淳，令发布上谕时以"御赏"印在谕旨之首、以"同道堂"印在谕旨之末方为有效，以此来钳制"八大臣"的权力。但皇帝年幼不谙世事，由其掌握的"同道堂"自然落到了其生母慈禧的手中。

咸丰十一年（1861）十月，慈禧与恭亲王奕䜣发动政变，将"八大臣"分别革职或处死。次年改年号为"同治"，意即两宫太后与众大臣共理朝政之意。慈禧与慈安共同在养心殿垂帘听政，但由于慈安性格懦弱，缺乏政治见识，实际就由慈禧一人控制大权。

同治十一年（1872），在为同治帝册立皇后时，两宫皇太后产生分歧，慈安中意于户部尚书崇绮之女阿鲁特氏，而慈禧则倾向于刑部侍郎凤秀之女富察氏。最后，由皇帝自行选择了阿鲁特氏为皇后，富察氏为慧妃，母子之间的矛盾就此产生。

同治十二年（1873）正月，同治帝亲政，慈禧与慈安被迫卷帘归政。然而，同治帝寿命不长，于十三年（1874）病死，且未生子，可谓是上天给了慈禧再次垂帘听政的机会。谁来继嗣决定着未来朝政的发展，也就决定着慈禧是否能够把握住这次听政的"良机"。对于如何择主，朝中

［清·同治］"长春同庆"款红地粉彩描金 ［清·同治］"燕喜同和"款矾红地描金"喜"
"喜"字开光龙凤纹盅 故宫博物院藏 字碗 故宫博物院藏

争议很大。据《翁同龢日记》"同治十三年十二月初五日"记载：

> 太后召诸臣入，谕云此后垂帘如何？枢臣中有言宗社为重，请
> 择贤而立，然后恳乞垂帘。谕曰："文宗无次子，今遭此变，若承嗣
> 年长者实不愿，须幼者乃可教育。现在一语即定，永无更移，我二
> 人同心，汝等敬听。"则即宣曰某。

随即，慈禧宣布了由醇亲王奕譞之子载湉（慈禧的妹妹嫁于奕譞所
生）继承皇位的决定，这一决定明显违背清朝祖制。按照清朝的皇位继
承祖制，历代都是父死子继。既然同治帝无子，则应由近支中选择比他
晚一辈的人过继为子，然后可以继承皇位。但慈禧却让同治帝之堂弟载
湉继位，算是过继给咸丰帝为子，那么她就成为新皇帝的母辈太后；而
如果选择一人过继给同治帝，则她成为太皇太后，同治帝的皇后阿鲁特
氏则成为新皇帝的皇太后，自应由阿鲁特氏垂帘听政，慈禧就与大权无
缘了。

载湉继承皇位，次年改年号"光绪"，意为广大功业，慈安与慈禧
再次于养心殿垂帘听政。但到光绪七年（1881），慈安皇太后无疾暴死，
死因令人生疑。从此慈禧开始一人垂帘听政，独揽朝纲。光绪十三年

（1887），皇帝载湉举行了亲政大典，慈禧被迫宣布"归政"，但朝内一切用人行政，仍出其手。

皇帝亲政，慈禧则需要"颐养"，于是在光绪十四年（1888）二月初一，又开始修缮在乾隆朝为皇太后祝寿而建的清漪园，改称"颐和园"，"以备慈舆临幸"，并声称是慈禧在光绪二十年（1894）虚岁60生日时皇帝率群臣祝寿之所。因当时财政拮据，竟动用筹办海军军费修建。

［清·同治］黄地粉彩五蝠捧寿纹盖碗
故宫博物院藏

［清·同治］黄地蓝彩"寿"字盖碗
故宫博物院藏

［清·同治］黄地粉彩"万寿无疆"餐具
故宫博物院藏

随着清朝在中日甲午战争中惨败，割台的剧痛强烈地震撼了年轻的皇帝光绪，也激起了当时有识之士试图以变法图强的变法运动。但受到慈禧等顽固守旧派的反对，竟以武力镇压变法运动。大权再次落入慈禧手中，她对外宣称光绪帝罹病不能理政，实际将光绪帝幽禁在西苑瀛台，成为无枷之囚。只是此时慈禧不再称"听政"，而改称"训政"，直至其生命最后一刻。

光绪三十四年（1908）十月二十一日，光绪帝驾崩。据相关研究表明，光绪帝死于大剂量砒霜中毒。是否为慈禧授意投毒，后人不得而知。光绪帝去世当日，慈禧下诏立年仅3岁的溥仪为嗣皇帝，自己被尊为太皇太后，次日她便驾崩于中南海仪鸾殿，终年74岁。

从咸丰十一年（1861）到光绪三十四年（1908），慈禧共掌大权达48年之久。她是一个拥有最高统治权力的人，但她也是一个女人。深宫大内的凄冷本已令人压抑，而她在26岁就开始寡居，又置身于纷繁的权力斗争旋涡，在当时她能找到的排解方式，恐怕就只有听戏、画画与喝茶了。

爱茶往事

2017年，电视剧《那年花开月正圆》热播，该剧以陕西省泾阳县安吴堡村吴氏家族的史实为背景，讲述了清末出身民间的陕西女首富周莹跌宕起伏的人生故事。在该剧中，周莹曾把泾阳茯茶作为伴手礼带给了慈禧太后，慈禧乐呵呵地说："福茶好，福茶好。"

泾阳茯茶，距今已有600多年的历史，因其是在夏季伏天加工制作，其香气和作用又类似茯苓，且蒸压后的外形成砖状，故称为"茯砖茶"，它是再加工茶类中黑茶紧压茶的一种。泾阳茯茶历来是政府为了保障边境安宁、民族融合而特许生产的大宗茶产品。它的生产、加工、运输、贸易等整个过程已经具备了工业生产的雏形和商品经济的特征，尤其是在明清时期。左宗棠担任陕甘总督时期，在泾阳从事茶叶"检运"的工人有上万名，交易旺盛，规模十分宏大。直至民国时期，泾阳县前街一年有三季生产，从事茯茶加工的作坊也是一家接着一家，这种盛况在全国茶界都是极少的。

　　1900年"庚子国变"后，慈禧一路"西巡"至西安，并在西安居住了近一年时间。或许正是在这期间，慈禧太后召见了周莹，周莹也由此把泾阳茯茶敬献给慈禧。史料中并未记载慈禧是否喜欢喝茯茶，但北京故宫博物院收藏有清光绪年间的箬竹叶普洱茶团五子包，此茶与茯茶的品饮方式和功效较为相似。当年云南进贡的这种"普洱茶包"，是将5个小型茶团用箬竹叶包裹，再用竹篾缠紧捆扎。柱状结构便于存储和运输，箬竹叶细密的纤维还可以防湿防潮，可谓是经济又耐用，一直沿用至今。

[清]箬竹叶普洱茶团五子包　故宫博物院藏

　　史料记载，慈禧是喜爱饮花茶的。不过，像茉莉花茶、玫瑰花茶、玉兰花茶这些花茶大多是火焙之茶，慈禧不感兴趣。她要刚刚采摘的鲜嫩娇美的花儿，掺入茶叶里，然后在盖碗中冲泡。慈禧嗜茶成癖，特别强调精致，泡茶所用之水，必须是大清早从玉泉山运来的泉水，不要说隔夜茶，隔夜水也要不得。

　　慈禧太后早上常饮用金银花茶，在御前女官德龄所著的《御香缥缈录》（又名《慈禧后私生活实录》）中就有记载：

一个太监送进一杯茶来，茶杯是纯的美玉做的，茶托和盖碗都是金的。接着又有一个太监捧着一只银托盘，里面有两只和前一只完全相同的白玉杯子，一只盛金银花，一只盛玫瑰花，杯子旁边还放有一双金筷。两个太监都在太后前面跪下，将茶托举起，于是太后揭开金盖，夹了几朵金银花放进茶里。

新鲜的金银花带有清香，水分、花蜜较多。《神农本草经》记载金银花具有"久服轻身"的功效，《本草纲目》则明确表述久服金银花可轻身长寿。据说，乾隆皇帝御用宫廷秘方延寿丹就是以金银花为主要原料。

除了金银花茶，慈禧入睡前还要喝一杯糖茶，然后才头枕填满茶叶的枕头合目养神。甚至慈禧每天服用滋补的珍珠粉也用茶水送服，可以说她的养身之道，饮茶应当是重要的一环。

慈禧喜爱的这种花茶又名"香片"，是中国特有的一类再加工茶。

［清・同治］"长春同庆"款黄地粉彩开光
"五谷丰登"图盅　故宫博物院藏

［清・同治］黄地绿彩丛竹图茶盅
故宫博物院藏

［清・同治］黄地绿彩丛竹图渣斗
故宫博物院藏

［清・同治］黄地粉彩百蝶纹盖碗
故宫博物院藏

花茶又可细分为花草茶和花果茶，饮用花或叶的称为花草茶，如茉莉花、桂花、玫瑰花、荷叶、甜菊叶等；饮用其果实的称为花果茶，如无花果、柠檬、山楂、罗汉果等。花茶具有明显的鲜花香气，外形条索紧结匀整，汤色浅黄明亮，叶底细嫩匀亮，并有养生的疗效。

花茶主要以绿茶、红茶或者乌龙茶作为茶坯，配以能够吐香的鲜花作为原料，采用窨制工艺制作而成的茶叶。根据其所用的香花品种不同，分为茉莉花茶、玉兰花茶、桂花花茶、珠兰花茶等，其中以茉莉花茶产量最大。

早在北宋时，就有在茶中加入龙脑香作为贡品的记载，这说明当时已能利用香料熏茶。但到北宋后期，有恐影响茶之真味，并不主张用香料熏茶。蔡襄《茶录》有云：

> 茶有真香。而入贡者微以龙脑和膏，欲助其香。建安民间试茶，皆不入香，恐夺其真。若烹点之际，又杂珍果香草，其夺益甚，正当不用。

这是中国花茶窨制的先声，也是中国花茶的始型。到了明朝，废团茶为散茶，大量生产炒青、烘青、晒青绿茶，为花茶生产奠定了基础。明人李时珍《本草纲目》中就有"茉莉可熏茶"的记载，说明了茉莉花茶在明朝就有生产。同时，花茶窨制方法也有很大的发展，出现"茶引花香，以益茶味"的制法。明人朱权在《茶谱》的"制茶诸法"中对花茶窨制技术记载比较详细：

> 莲花茶：于日未出时，将半含莲花拨开，放细茶一撮，纳满蕊中，以麻皮略絷，令其经宿。次早摘花。倾出茶叶，用建纸包茶焙干，再如前法。又将茶叶入别蕊中，如此者数次。取其焙干收用，不胜香美。

木樨、茉莉、玫瑰、蔷薇、兰蕙、橘花、栀子、木香、梅花皆可作茶。诸花开时，摘其半含半放、蕊之香气全者，量其茶叶多少，摘花为茶。花多则太香，而脱茶韵；花少则不香，而不尽美。三停茶而一停花始称。假如木樨花，须去其枝蒂及尘垢、虫蚁。用磁罐一层茶，一层花，相间至满。纸箬絷固，入锅重汤煮之，取出待冷。用纸封裹，置火上焙干收用。诸花仿此。

可见，花茶窨法逐渐走向成熟，与当今的工艺流程类同，这时的花茶才称得上是真正的花茶，但其产量可能不大。清咸丰年间，福州已有大规模茶作坊进行茉莉花茶生产。当时福州的窨制茉莉花茶运销华北，走海路由福州运至天津，再转至北京，深受京城市民的喜爱。有了商品就有了市场，有市场就有买卖，这时北京涌现出不少茶庄，"京味"就成了福建茉莉花茶特有的韵味。

长期饮用花茶，有祛斑、润燥、明目、排毒、养颜、调节内分泌等功效，这或许是慈禧太后喜爱花茶的主要原因。花茶品饮时，独啜可用瓷制小茶壶，待客用较大茶壶，冲泡三五分钟后饮之，可续泡一两次。不过，若是独啜，瓷制盖碗则最为适宜。

［清·同治］墨彩过枝竹蝶纹盖碗
故宫博物院藏

［清·同治］墨彩花蝶纹茶盅
故宫博物院藏

"大雅斋"茶具

慈禧所用的茶具，以"大雅斋"瓷器最为知名。"大雅斋"瓷器，得名于口沿上书"大雅斋"三字，属于堂名款瓷器，是慈禧太后专门为自己设计、烧制的御用瓷器。长期以来，"大雅斋"瓷器珍藏深宫，世人很难一窥真容。这些浓艳华丽的瓷器，代表了晚清时期的宫廷风尚，也展现了慈禧个人的审美追求和取向。异样的奢华，为渐趋衰微的晚清制瓷业平添了一道独特的风景，堪称晚清最为著名的御窑瓷器。

［清·光绪］"大雅斋"款绿地粉彩葡萄花鸟图渣斗　故宫博物院藏

关于"大雅斋"，清人吴士鉴在《清宫词》中写道：

大雅斋中写折枝，丹青钩勒仿笙熙。
江南供奉虽承旨，不及滇南女画师。

诗后小注有曰：

内廷如意馆画工，皆苏州人。光绪间，昆明缪素筠女史嘉惠，工画花卉，承直二十余年。每当拈毫染翰，孝钦并坐指示之，眷遇始终不衰。大雅斋，孝钦自署名也。

清人魏程搏《魏息园清宫词》亦云：

> 二十余年侍圣慈，内廷供奉女筌熙。
> 金笺宝篆红泥印，认得先朝老画师。

李珍注：

> 内廷如意馆画工，皆苏州人。光绪间，昆明缪素筠女史嘉惠，工画花卉，承直二十余年。每当拈毫染翰，孝钦并坐指示之，眷遇甚隆。内有大雅斋印，即孝钦自署。

从以上清代诗文及诗注可知，"孝钦"即慈禧太后，"大雅斋"是慈禧自署的斋号，也是她写字作画的地方。

但"大雅斋"到底位于何处，一直困惑着人们。后据学者考证，"大雅斋"位于"天地一家春"的西间，而"天地一家春"是圆明园内"九州清晏"中一处建筑名称。"大雅斋"瓷器，正是为这处建筑特别烧造的

［清］"大雅斋"匾额　故宫博物院藏

慈禧专用瓷。不幸的是，在第一次鸦片战争中英法联军火烧圆明园时，"大雅斋"随"天地一家春"被焚而无存。

同治皇帝亲政后，并不能完全掌握朝政，为了拥有更多的自由和自主权，他一直在寻找机会让慈禧退出权力中心。于是，以感恩皇太后为大清朝所作贡献为名，下旨重修圆明园，把圆明园辟为慈禧颐养天年之所，以示自己的孝心。慈禧曾经居住过的"天地一家春"是此次重修工程的重点。

慈禧对于"天地一家春"的重修参与良多，多次召见负责设计的雷氏父子，并对装饰中用到的各种花卉画样给出许多修改意见。同治十三年（1874）正月十九日，圆明园正式开工重建。在圆明园开工重建的两个月后，内务府传办江西九江关烧造一系列的陈设及日用瓷器，并且下发了瓷器的画样，在这些画样上标有"大雅斋"、"天地一家春"和"永庆长春"的款识。

［清·光绪］"永庆长春"款藕荷地粉彩花鸟图渣斗　故宫博物院藏　　［清·光绪］"大雅斋"款绿地墨彩花鸟图高足碗　故宫博物院藏

　　北京故宫博物院中留存的画样详细地记录了烧造"大雅斋"瓷器的釉色、纹饰及器形等方面的规定，现存实物也与之对应。画样中，器形设计和纹饰描绘均出自内廷如意馆画工之手。晚清如意馆的画风多流行工笔花鸟，故而瓷器上的纹饰也多花鸟。画样是统治阶级对瓷器生产的直接干预，通过画样把统治者的审美情趣和对于自然、对于艺术的理解转化为一种可以留存的物质载体。同时，画样的回收制度也体现了统治者对于这种物质载体的垄断性和皇权的不可侵犯性。

　　清代的御窑厂在咸丰五年（1855）毁于太平天国的战火，同治五年（1866）筹措13万两白银，在景德镇复建御窑厂，由九江关监督领其事。虽恢复重建，但是重建后的御窑厂由于工人的流失、硬件条件的限制，使得这些御用瓷器的烧造困难重重。还有时间紧迫、烧造数量大等因素，时任江西巡抚的刘坤一不得不上奏肯请延期交付。直到光绪元年（1875）、二年（1876）头两批"大雅斋"瓷器才陆续完成。不过此后，随着内忧外患的加剧，景德镇的御窑厂再也没有烧出第三批"大雅斋"瓷器。

　　从现存的"大雅斋"瓷器来看，釉面并不十分光滑，多存在气泡和橘皮纹现象，且在色地与彩绘纹饰之间有明显的接痕。"大雅斋"瓷器与雍正、乾隆时期的粉彩瓷器相比，缺少了工艺上的精细度，这与当时御窑厂客观存在的困难有很大关系。

　　这些"大雅斋"瓷器的原意，是为重建后的圆明园"天地一家春"内的西间堂室陈设和日常所用。但彼时，清政府的国库并不充盈，对内危及半壁江山的太平天国运动刚刚平定，对外在与列强签署的一系列不平等条约中，付出了巨大的经济代价，已无力负担重修圆明园工程庞大的开支，甚至连修园所需的大型木材都难以购得。加之朝中大臣的极力反对，圆明园不得不于同治十三年七月二十九日被迫停工，慈禧期望重温当年景象的愿望也成为镜花水月。因此，"大雅斋"瓷器转而入紫禁城专供慈禧在后宫里使用，并主要集中在长春宫内。

[清·光绪]"大雅斋"款黄地墨彩花卉
纹盖碗　故宫博物院藏

[清·光绪]"大雅斋"款绿地粉彩藤萝
花鸟图碗　故宫博物院藏

[清·光绪]"大雅斋"款黄地粉彩
花鸟图碗　故宫博物院藏

"大雅斋"瓷器烧造于晚清时期，在动荡的社会环境中，慈禧无暇投入更多的精力去关注瓷器的创新，并且御窑现有的条件连生产原有品质的瓷器都存在困难。种种因素的限制，使得"大雅斋"瓷器基本沿袭了乾嘉时期御窑瓷器的艺术风格，体现了宫廷的华丽美感。瓷器多为色地彩绘，器形也延续了前朝的样式，只是在制式上更偏重于秀丽精致，带有独特的女性审美特质。

至于"大雅斋"茶具，多是秀丽小巧的茶碗和盖碗，突出了慈禧太后的女性专用标识。茶具有藕荷地、明黄地、大红地、浅蓝地等，在色地之上绘制有设色的花鸟，也有单一的水墨花鸟，在设色方面充分汲取了传统工笔花鸟画的设色方法。茶具釉色带有强烈的情感化、写意化的特征，充分利用色彩的对比变化，象征性地去表达大自然中固有物象的美感。茶具纹饰精美，描绘有藤萝、牡丹、月季、莲花、蝴蝶、鹭鸶等，告别了传统官窑常见的龙凤题材，代之各式花鸟，气息隽雅，意境清新。

茶具口沿处有"大雅斋"三字横款，右边多用红彩图章款"天地一家春"。椭圆形的"天地一家春"篆体闲章的印纹文字排列，"天地一"三字居右侧，"家春"二字居左侧，款字的外围是海水双龙戏珠图案。器底常用红彩书写有"永庆长春"四字楷书吉言款，寓意了慈禧太后希望自己永葆青春的美好愿望。

余语

"大雅斋"茶具属于堂名款瓷器，但在清代女性中，无论是贵为后宫之主的皇后，还是各个贵妃、福晋，使用的器物都无如此的专属标识。慈禧之所以能享此特权，是缘于同治十三年后，整个国家的权力都已经归在她的手中。"大雅斋"是堂号，同时也是慈禧个人审美情趣的象征，在处理朝政之余，她喝茶休闲，"大雅"正好契合了她对于茶的喜爱。

后 记

　　著书不易，立言更难。伟涛却在两年之内推出两部风格鲜明的佳作，令人赞叹。与伟涛相识多年，深知洋洋洒洒数十万字实则为其十数年之功，耐得住寂寞，守得了淡泊，方得今日之厚积薄发。

　　去年的《坐上琴心——中国历代古琴文化鉴考》犹如剑走偏锋，于小众之处另辟蹊径，终集大成。

　　此本《吃茶去——中国历代茶文化鉴考》更为难得。茶书何止千百，写茶犹如喧市摆台，若无十足功力，实难驾驭。伟涛再次凭借多年研学的底蕴，为我们呈现出"一叶一世界"。上至战国青瓷茶碗，下至晚清"大雅斋"，茶香恒飘数千载。法门寺茶具之完整考究，北宋斗茶之繁复紧张，历历在目。宋徽宗、刘松年、王蒙、唐寅、文徵明均为茶痴迷，或书或画，将齿颊余香留存于笔墨之间。

　　《吃茶去——中国历代茶文化鉴考》正是茶文化的百宝箱，历代主要茶器、茶画、茶书均现身于此，加之伟涛的归纳解读，茶史之博、茶道之深可由此书窥见一斑。

　　然而细品一番，伟涛似乎不仅是为了博物而记之。字里行间能看出他对茶的理解是"返璞归真"和"化繁为简"。

　　书中不止一处提及，茶之初更近菜蔬，与葱、姜、枣、橘皮、茱萸、薄荷、盐等物煮在一起，形成浓汤，一并饮食，可谓十分自然原始。直至唐朝时期，从制茶、煎煮到用水、茶器，均形成完备的程序和评价体系，成为宫廷和文人雅士的文化符号。北宋斗茶更是将茶道推向了繁复的高潮。元末散茶品饮之风兴起，到明代成为官方主导，散茶登场，以点泡为主，又一次向简单的初始之风靠拢。

　　书中对黑釉建盏在现代的走红也进行了讨论，指出建盏虽美，但也不至于那么宝贵。盲目迷恋过去，或者热衷追随他国的审美口味，都是不可取的。"每个时代有每个时代的饮茶方式，也必然有与之相配的饮茶之具，这才是中国茶文化的魅力所在——常变常新。"

　　诚如其言，水无常态，茶无定香。与其人云亦云，不如从心从口，返璞归真，找到适合自己的也许才是最好的。从《坐上琴心》到《吃茶去》，伟涛书写琴茶，实为寄情：

　　　　一屋二人，三餐四季。
　　　　粗茶淡饭，琴音心声。

听琴品茗之际，期待伟涛的下一部作品。

张进　杜国东
2023 年 4 月于北京

图书在版编目（CIP）数据

吃茶去：中国历代茶文化鉴考 / 吕伟涛著. —北京：
中国国际广播出版社，2023.8
ISBN 978-7-5078-5371-1

Ⅰ.① 吃⋯　　Ⅱ.① 吕⋯　　Ⅲ.① 茶文化－中国
Ⅳ.① TS971.21

中国国家版本馆CIP数据核字（2023）第138356号

吃茶去——中国历代茶文化鉴考

著　　者	吕伟涛
责任编辑	梁　媛
校　　对	张　娜
版式设计	赵冰波　陈学兰
封面设计	王广福

出版发行	中国国际广播出版社有限公司［010-89508207（传真）］
社　　址	北京市丰台区榴乡路88号石榴中心2号楼1701
	邮编：100079
印　　刷	北京启航东方印刷有限公司

开　　本	710×1000　1/16
字　　数	320千字
印　　张	23
版　　次	2023 年 10 月 北京第一版
印　　次	2023 年 10 月　第一次印刷
定　　价	98.00 元